U0085127

日本男子的日式家庭料理

有電子鍋、電磁爐就能當大廚

作者 KAZU

誰都能做出來的日本家庭菜色

「想讓台灣人認識真正的日式家庭料理。」

以此為契機，在2018年我同時開設了食譜網站及YouTube頻道。

雖然在台灣有許多日式料理店，許多料理食譜也廣為流傳，但是家庭料理卻鮮為人知。

日本也是一個飲食多元化的國家，因此家庭料理也來自世界各國。無論是正統的日式料理、改良後的洋食，還是中華菜色。

在書中你可能有「疑，這是日式料理嗎？」但這些的確都是日本人常吃的「日式家庭料理」沒錯。

這本書的主旨是「即使家裡沒有瓦斯爐，利用電子鍋和電磁爐，誰都能做出簡單美味的家庭菜色」，而且運用台灣市場買得到的食材就能做出日本家庭料理。

書裡介紹的都是我日常做過無數次的食譜，試著為你擅長的家庭料理增添幾筆日式口味吧！

日本男子

Kazu

- **同場加映**：本書中有12道食譜均附有QR Code，只要掃描行動條碼就能同步觀看YouTube上的影片示範。

目次

CH2

不是漫威英雄，是餐桌上的開胃英雄

CH3

啊，百吃不厭的日本家鄉味！

CH4

最愛暖暖這一鍋

CH5

火氣全消的涼拌小菜

本書的度量衡對照表

- 1杯＝180公克
- 1大匙＝15公克＝15cc
- 1茶匙＝5公克＝5cc

不開火也行，有電子鍋、電磁爐就能當大廚

我是在家中沒有瓦斯爐的環境下成長的，
因此深知電磁爐能做出各種料理。
台灣的夏季非常炎熱，如果能使用免開火的電子鍋或電磁爐
做料理的話，實為一大樂事。
雖然在外面小吃攤買回家吃也不錯，
但是如果能自己做料理的話，既安心又健康。
「因為家裡沒有瓦斯爐」而放棄料理的人，
今天起試著挽起袖子試試看吧。

電磁爐

在以前，日本人也有「電磁爐的火力太小」這個想法。但是最近有著「電磁爐的火力更好掌握」想法的人漸漸變多了。結果到底哪個才是正確解答，我也不太清楚。

其實電磁爐與瓦斯爐做出來的料理風味並無不同。如果因為家中只有電磁爐而放棄料理的話，是相當可惜的。不妨從今天起，選擇書中你喜歡的食譜，到超市採買並開始你的料理之路。

即使是電磁爐，也能做很多種料理。

電子鍋

運用電子鍋做料理是一大樂事。想輕鬆做菜的話，選擇電子鍋料理絕不會錯。

在台灣，家中擁有電子鍋的人不少。一般家庭多拿來煮飯，我覺得太可惜了，因為善用電子鍋，可以做出好多美味的家庭料理。

日本料理總是給人工序繁複的印象，其實日本人比想像中的怕麻煩。或許這只是我個人的意見，對日本人來說，家庭料理最重要的就是能輕鬆完成。

電子鍋就是其中一個很好的選擇。

做好料理的祕密武器

各種日式高湯備製方式

在我成長的大阪地方，有著淵遠的高湯文化。
拘泥於高湯的人不在少數。
市售的顆粒狀高湯粉使用起來雖然方便，但如果你自己熬過高湯的話，
一定會被湯中散發的香氣驚艷喔。
運用自製高湯做料理，等級更能倍增呢！
作法相當簡單，請不要嫌麻煩，試著做一次。
四溢的香氣一定會讓你每天都想帶著走，做成香水也不為過。
如果說瑪麗蓮夢露的睡衣是香奈兒No.5的話，
那我的睡衣就是柴魚高湯的「一番だし」了。

掃一掃，看影片

蔬菜高湯

日常料理剩下的蔬菜皮及過老的蔬菜梗，其實都可以拿來變成好喝的高湯。熬好的蔬菜高湯能變化出相當多樣的料理，請務必收集起來再利用。

若能將食材物盡其用，又健康、省錢，想必會有滿滿的成就感吧！

材料

剩下的蔬菜皮、蔬菜塊……………………200公克
水……………………2公升
鹽巴……………………1茶匙
米酒……………………1大匙

Tips

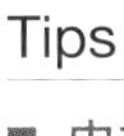

- 由於馬鈴薯會使高湯出現土的味道，不適合與其他蔬菜做成高湯，請避免使用。
- 如果要用青蔥及蒜頭，請儘量減少比例。
- 西洋芹是務必要加入的經典食材。

作法

STEP 1

- 將蔬菜處理後剩下的根皮，一一蒐集起來冷凍保存。
- 蔬菜經冷凍後會破壞細胞壁，熬煮高湯將更容易釋出美味。

STEP 2

- 在鍋中放入全部材料開始燉煮。

STEP 3

- 在沸騰前轉小火，在不沸騰的狀態下續煮20分鐘。
- 如果煮到沸騰的話，煮出來的高湯就不會清透，這個步驟要小心注意。

STEP 4

- 20分鐘後，將湯與蔬菜過濾就完成。

昆布高湯與冷泡法

其實熬製高湯一點也不難。
用自己熬的高湯做料理，感覺 Level 又提升了一階。在我從小長大的日本關西地區，有獨特的高湯文化，只要料理中使用了美味的高湯，就會獲得滿滿的幸福感。
偶爾試試看自己做高湯怎麼樣呢？

材料

水……………… 1公升
昆布……………10公克

Tips

- 冷泡昆布高湯的味覺清爽，最適合拿來燉菜及煮湯料理。
- 煮昆布高湯的特徵是味道較為濃厚。與柴魚可以一起煮柴魚昆布高湯、日式白高湯等，用途非常廣泛。
- 煮完剩下的昆布別丟掉，還可以拿來做佃煮，創造第二種美味料理喔！

作法

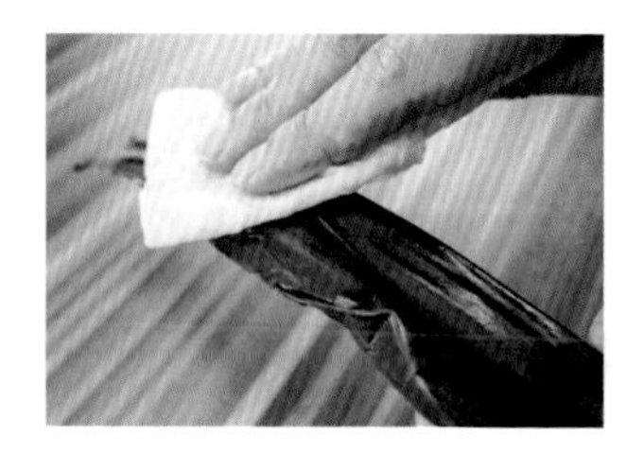

STEP 1

- 先將廚房紙巾沾濕，輕輕擦拭昆布表面。

A .昆布高湯

STEP 2

- 取1公升水與10公克昆布一起浸泡20～30分鐘。接著倒入鍋中煮開。

STEP 3

- 當鍋中出現咕嚕咕嚕及水面有點冒泡的時候關火，取出昆布。（約攝氏 80度時）
- 如果讓水面沸騰會有腥臭味，千萬要注意。

B .冷泡昆布高湯

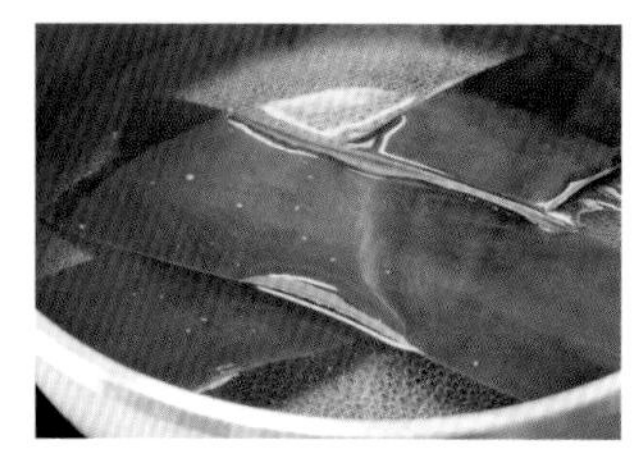

- 取1公升水與10公克昆布，放進冰箱冷藏浸泡一晚就完成了。

日式昆布柴魚高湯

掃一掃，看影片

昆布高湯加上柴魚就能做出最強的日式高湯。
置身於十足的香氣中，會覺得自己變成王。
如果你用這個高湯做料理的話，就可以達到料理的最大美味。
請務必試試看。

材料

水……………… 1公升
昆布………… 10公克
柴魚………… 20公克

Tips

- 煮高湯剩下的昆布及柴魚可以做成佃煮小菜，不要浪費喔！

作法

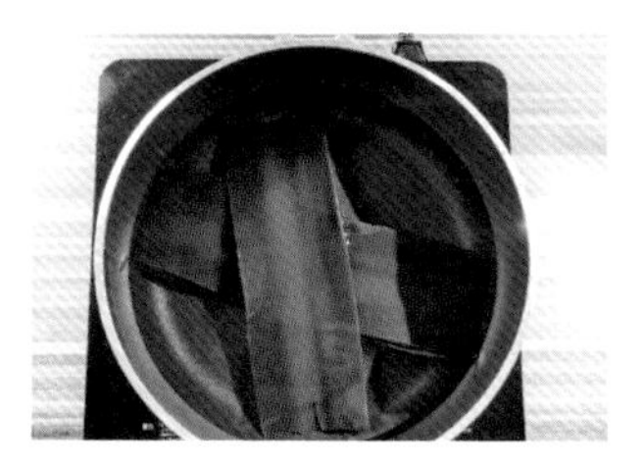

STEP 1

- 取1公升水與10公克昆布一起浸泡20～30分鐘。接著倒入鍋中煮開。

STEP 2

- 當鍋中出現咕嚕咕嚕及水面有點冒泡時（大約攝氏80度）關火，取出昆布。
- 如果讓水面沸騰會有腥臭味，要特別注意。

STEP 3

- 取出昆布後再開火，並在沸騰前關火（約攝氏90度）。

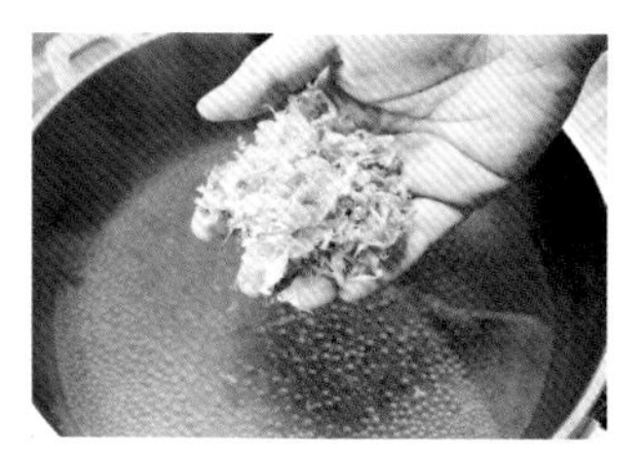

STEP 4

- 放入20公克的柴魚，並放置2分鐘。

STEP 5

- 2分鐘過後，用廚房紙巾過濾高湯與柴魚。

STEP 6

- 富含鮮味的昆布柴魚高湯就完成了，煮湯煮麵都方便。

日式柴魚高湯

在超市常見鰹魚高湯粉，
但人工的味道再怎麼模仿，香氣與清透感都比不上自製的味道，
最美味的高湯一定要經由人的手來製作。
只要記住訣竅，其實做起來並不難，沒學到將會是料理之路的一大損失。
如果這世界上有賣柴魚高湯風味的香水，我一定立刻去買回來。

柴魚………… 2~3 把
（約35公克）
水……………… 1公升

Tips

- 第一泡柴魚高湯的特色在於清澈，並含有漂亮的琥珀色，兼具濃厚的風味及芳香，是「一番だし」的魅力。相當適合使用在味噌湯、蕎麥麵以及烏龍麵等麵料理。
- 與第一泡相比，「二番だし」雖然香氣上較弱，但依然富有濃厚的味道。很適合作為炊飯、火鍋的湯底。此外，料理時一旦感覺香氣不夠，也可以再補上柴魚增添風味喔。

第一泡柴魚高湯

STEP 1

- 將水煮滾。

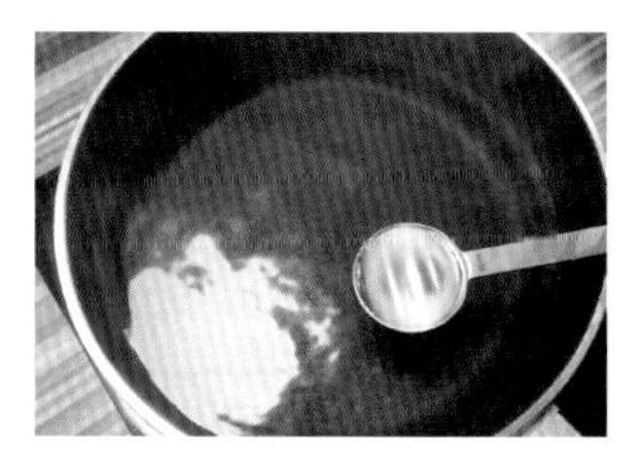

STEP 2

- 水沸騰後熄火，並立即加入一大匙冷水，降低水溫。
- 攝氏80 ~90度的水溫最合適，直接使用滾水會造成高湯有苦味。

STEP 3

- 放入30公克柴魚，靜置 2 分鐘。

STEP 4

- 取一個鍋子或咖啡壺，在上方用餐巾紙過濾高湯及柴魚。
- 千萬不能擰乾柴魚，否則會釋出苦澀味。

第二泡柴魚高湯

STEP 1

- 第一泡過濾的柴魚與500毫升水一起煮開後，轉弱火，再煮4~5分鐘熄火，加入約5公克新柴魚（約莫半把）放置2分鐘。

STEP 2

- 取一個鍋子或咖啡壺，在上方用餐巾紙過濾高湯及柴魚，1～2分鐘以後將包覆柴魚的餐巾紙包起，並輕輕地稍微扭乾。

Chapter 1

吃飽很重要，一鍋就滿足

日本有句俗語說「肚子餓的話，
就無法迎接挑戰」。
因此吃得飽是很重要的。
想到要動手做料理不免覺得有些麻煩，
但又不想放過美食。
這樣的想法我十分理解。
為了同時兩者兼顧，
不妨試試本篇的一鍋到底作法。
既能填飽五臟廟，
又能輕鬆完成喔。

愛吃飯先學洗米

洗米的方法

對日本人來說，米就是我們的生命，這話說的一點也不誇張。
這麼喜歡米食的日本人，精米技術也日益精進，
因此消費者也需要更新洗米的方式。
在此我將介紹如何煮出好吃米飯的小技巧。

材料

米……………… 適量
飲用水………… 適量

Tips

- 用濾網洗米可能會使米粒的表面受傷，因此最好用光滑的盆子洗米。但如果是洗玄米或糙米，用濾網比較合適。
- 許多人用電鍋內鍋直接進行洗米動作，這樣可能會造成內鍋受傷，不太推薦使用這種方式洗米。
- 近年來由於精米技術進步，即使不特意磨洗，煮出來的米飯也很美味，運用這個方式就能煮出香甜的QQ米飯喔！

作法

STEP 1

- 在盆中倒入乾淨的飲用水，先輕輕地沖洗米粒。
- 由於乾燥的白米吸水力強，這個步驟請務必使用乾淨的水喔。

STEP 2

- 接著將洗好的米放入盆中，手掌微張，放入米中大約攪拌 10 次。
- 這一次用普通自來水就可以了。

STEP 3

- 沖洗後，再重複步驟2的動作。

STEP 4

- 洗到水呈現淡淡的白濁色就可以煮飯了。
- 淡淡的濁色是米中的澱粉釋出，那是美味的來源，切記不要洗得太乾淨喔！

有請生薑和鮪魚為米飯添風采

生薑鮪魚炊飯

日本有數十種炊飯的作法。
可以說只要將能吃的食材通通丟入飯或味噌湯中就一定好吃。
這種直線條的思考其實我並不討厭。
因為生薑跟鮪魚本來就是好吃的食材，所以做出來的料理當然好吃，
事實上真的是很好吃呢。

材料

米……………………2杯
水……………………2杯
鮪魚罐頭…………1罐
生薑…1節（約4公分）
味醂……………1大匙
醬油……………1大匙
竹筍……………1/2支
牛蒡……………1/3根
紅蘿蔔…………1/4根
蓮藕……………1/5根

Tips

- 做好的炊飯捏成飯糰帶出門也很方便。
- 處理牛蒡時可以用揉成球狀的鋁箔紙，放在流水下輕輕擦拭牛蒡表面，既能有效去除泥土，還能保有表面的營養。

作法

STEP 1

- 生薑及紅蘿蔔分別切絲。
- 竹筍和蓮藕切半月形。

STEP 2

- 洗好的米放入飯鍋中，倒入等量的水，並撈除2大匙的水。

STEP 3

- 鮪魚罐頭瀝去油後，與步驟1的材料一起丟入鍋中。牛蒡洗淨，直接用刀削方式加入鍋中，接著煮飯。

STEP 4

- 飯煮好後，加入味醂和醬油拌一拌就完成。

用電鍋做炒飯

咖哩炒飯

雖然過程中完全沒有翻炒這個步驟，
小小思考了一下，還是決定取這個名字好了。
融合了奶油的香氣，彷彿在餐廳吃到的美味菜單，
卻是用電鍋就能完成的美味。
喜歡咖哩的人絕不能錯過這道食譜，
只要試過一次，相信你一定會深深喜歡上它。

材料

白米……………2杯
飲用水…………2杯
紅蘿蔔………… 1/4根
（30公克）
洋蔥…………… 1/4顆
鑫鑫腸…………2根
咖哩粉…………2茶匙
奶油…………10公克
雞湯塊…………1顆
胡椒鹽………… 適量

Tips

- 湯底的鹹度及濃稠度都可以依照個人口味做調整。
- 若沒有剩餘咖哩，在步驟 1 中直接用咖哩塊製作也可以。

作法

STEP 1

- 先將白米洗淨，放入電鍋的內鍋中，並加入等量的水。
- 紅蘿蔔及洋蔥切丁，鑫鑫腸切小塊備用。

STEP 2

- 接著把所有材料加入內鍋中。

STEP 3

- 拌勻後，按下煮飯鍵開始煮飯。

STEP 4

- 飯煮好後撒一點胡椒鹽，攪拌均勻就完成了。
- 加入胡椒鹽時，可以試吃一下以調整鹹度。

滿滿的大海滋味

咖哩西班牙海鮮燉飯

出現了西班牙這個名詞，想必跟日本沒什麼關係吧？
你心裡一定忍不住這麼狐疑。
其實在日本，西班牙海鮮燉飯因為廣受歡迎，人們在家中也常常做來吃。
製作時請試著加入大量海鮮，做出一道充滿海味的米飯料理吧！

材料

蝦子……………8隻
蛤蠣……………6顆
彩椒……………1/2顆
青椒……………1顆
檸檬……………1顆
米………………2杯
飲用水…………2杯

〔調味料〕
咖哩粉（或番紅花或薑黃粉）…………少許
雞湯塊…………2顆
黑胡椒粉………少許
奶油…………10公克
月桂葉…………1片

作法

STEP 1

- 將彩椒、青椒切成適口大小。
- 蛤蠣吐沙；蝦子開背去腸泥。

STEP 2

- 生米洗淨，加入等量的水以及調味料。

STEP 3

- 將檸檬以外的材料順序排入電子鍋中，然後按下煮飯鍵。

STEP 4

- 米飯煮好後，將月桂葉取出來丟棄，擠上檸檬趁熱享用。

Tips

■ 月桂葉不加也可以。
■ 除了食譜中的海鮮外，魷魚及其他貝類或白身魚都很適合放入。此外，也可以加入番茄或其他當季蔬菜，都相當美味。

用電子鍋煮出濃郁稠厚的西式燉飯

奶油燉飯

加入白酒及蒜頭之後，米飯就能華麗變身，
變成香氣四溢的美味燉飯。
飯上鋪滿大量起司，直接享用讓人擁有最高的滿意度。
想吃點西式料理時，推薦你一定要試試這道食譜。

材料

米…………………… 1杯
水………… 250毫升
牛奶……… 300毫升
白酒………… 50毫升
蒜末……………… 1瓣
片狀起司…… 100公克（約6片）
培根………… 20公克
奶油………… 15公克
雞湯塊…………… 1顆
鹽巴…………… 少許

Tips

■ 最後撒一點黑胡椒粉更加美味。

作法

STEP 1

- 將培根切成小塊；蒜頭切末；米洗淨。

STEP 2

- 起司撕成小塊，所有材料一起放入電鍋中。

STEP 3

- 拌勻後，再按下煮飯鍵。

STEP 4

- 煮完後將飯拌勻就完成。

濃濃日式風格的海南雞飯，一吃就喜歡！

海南雞炊飯

在日本，你能吃到各國美食，其中海南雞飯就是一道有著超高人氣的料理。其實用電子鍋就能輕鬆做出美味的海南雞飯。含有味噌的醬汁，帶點微微的日式風格，推薦你一定要試試看這道食譜。

材料

雞胸肉……………………………1片
米………………………………… 2杯
水………………………………… 2杯

〔炊飯調味料〕

雞粉…………………………… 1茶匙
料理酒………………………… 1大匙
蔥末……………………………… 1支
蒜末……………………………… 1瓣

〔醬汁〕

檸檬汁……………………… 2茶匙
蠔油………………………… 2茶匙
魚露………………………… 2茶匙
水…………………………… 3大匙
味噌…………………………1茶匙
香油……………………… 1/2茶匙
薑末……………… 1 節(15公克)
蒜末……………………………1瓣
蔥末或香菜末……………… 適量

作法

STEP 1

- 將雞胸肉用叉子平均地插出好幾個洞。

STEP 2

- 將醬汁材料混合備用。

STEP 3

- 洗好米，在飯鍋裡放入炊飯調味料和雞胸肉後，啟動煮飯模式。

STEP 4

- 煮好飯後將雞肉取出，並將飯拌一拌。

STEP 5

- 雞肉切大塊。

STEP 6

- 擺好盤，在雞肉上淋上醬汁。

Tips

- 平常的作法是放一整支青蔥進電鍋中煮，煮好後直接撈起丟掉。因為我喜歡吃青蔥，所以特別將它切末放進去。
- 味噌不放也沒關係，加了以後味道更加濃厚，請依個人喜好做調整。

最愛的童年滋味

地瓜炊飯

小時候只要餐桌上出現這一道地瓜炊飯，就會非常高興。
因為從小一直吃地瓜飯，身材也慢慢變得像地瓜一樣。
這是你跟我的小祕密喔。

材料

地瓜……………… 1根
米…………………2杯
飲用水……………2杯

〔調味料〕

味醂…………… 1大匙
米酒……………2大匙
鹽巴………… 1/2茶匙

Tips

■ 地瓜加入時，不用拌勻也OK喔。

■ 享用的同時加入一點醬油及奶油攪拌，還能嘗到不同的美味。

作法

STEP 1

- 將地瓜切成1公分左右的骰子狀，泡入水中浸泡30分鐘去除澀味。

STEP 2

- 洗好的米放入飯鍋中，倒入等量的水，接著撈除3大匙水分。

STEP 3

- 將調味料放入飯鍋中，再加入瀝乾水分的地瓜。

STEP 4

- 按下煮飯鍵，煮好拌勻就可以享用了。

蛋包飯中的靈魂

番茄醬飯

歐姆蛋包飯中的番茄醬飯，不知為何，偶爾會突然地只想吃它。
番茄醬飯其實用電子鍋就能輕鬆做出來，
事實上只要有番茄醬就能煮出美味的番茄醬飯。
無論是加入便當中，或是放上歐姆蛋一同享用都可以。
此外，加入玉米、豌豆等配料，也是不錯的選擇。

材料

白米……………… 2杯
水……… 90~105毫升
雞肉……… 200公克
紅蘿蔔………… 1/2根
（約70公克）
洋蔥…………… 1/2顆
（約100公克）

〔調味料〕
番茄醬………… 5大匙
烏醋（或伍斯特醬）
………………… 1大匙
雞粉…………… 1茶匙
奶油………… 15公克
胡椒鹽………… 少許

作法

STEP 1

- 先將雞肉切成小塊，紅蘿蔔及洋蔥切丁。

STEP 2

- 洗好米後放入內鍋中，並倒入原有水量約90~105毫升的水。

STEP 3

- 再將所有調味料加入鍋中，拌勻混合。

STEP 4

- 按下煮飯鍵，煮好就完成。

Tips

■ 除了上述材料之外，玉米、青椒、鑫鑫腸都是不錯的選擇。

掃一掃，看影片

集結蔬菜精華的美味咖哩

蔬菜濃湯咖哩飯

家裡如果有剩餘的蔬菜濃湯，不妨將它做成咖哩吧。
忙碌的日子最適合來一道像這樣的快手料理。
只要將市售的咖哩塊加入，就能完成集結蔬菜精華的美味咖哩。
咖哩塊神奇的地方是，只要加入任何料理中一定好吃，
如果家中有不怎麼好喝的蔬菜濃湯，
推薦您試試這個急救法。

材料

剩餘的蔬菜濃湯………………………700毫升
咖哩塊………… 1小盒

作法

STEP 1

- 選擇你喜歡的咖哩塊。

STEP 2

- 將喝剩下的蔬菜濃湯煮沸。

STEP 3

- 接著將咖哩塊仔細地溶進湯中就完成。

STEP 4

- 最後添碗白米飯一起享用。

Tips

- **咖哩選擇你喜歡的牌子口味即可。**

用牛丼手法做出來的美味豬肉丼

日式豬肉丼

這道食譜，如果將豬肉換成牛肉就會變成牛丼。
由於我比較喜歡豬肉丼的關係，這次介紹豬肉版本。
在日本，辯論吉野家、松屋、すき家（Sukiya）哪一家最好吃，
是永遠不會結束的議題。
這麼好吃的牛丼，自己在家做就能吃到飽。
啊，但是這篇是豬肉丼的食譜喔。

材料

豬五花肉片……………400公克
洋蔥……………1顆（200公克）
米酒（或白葡萄酒）……50毫升

〔調味料〕
醬油……………1.5大匙
水……………300毫升
砂糖……………2大匙
鰹魚粉……………1/2茶匙

作法

STEP 1

- 先將洋蔥逆紋切片備用。

STEP 2

- 鍋中放入米酒或白葡萄酒加熱，讓酒精揮發。

STEP 3

- 酒精揮發後加入調味料煮滾。

STEP 4

- 轉中小火，放入豬五花肉片煮10分鐘。
- 灰色浮沫不取出也沒關係。

STEP 5

- 10分鐘後放下洋蔥並熄火。

STEP 6

- 最後蓋在白飯上就完成。

Tips

■ **想馬上吃的話，洋蔥放入後再續煮5分鐘使其入味比較好。但是，我認為冷藏一晚的味道更加美味。**

飄著時髦味的
日本國民美食
日式牛肉燴飯

日式牛肉燴飯與咖哩在日本都是坐二望一的料理，廣受日本人喜愛。

但是日式牛肉燴飯與台灣的牛肉燴飯是完全不同的料理。這道飯中融合了番茄及紅酒做成的基底，是頗具代表性的「日式洋食」調味風格。

想做點時髦飯料理時，不妨試試這道食譜。

材料

牛肉⋯⋯⋯⋯⋯⋯⋯⋯⋯⋯300公克
洋蔥⋯⋯⋯⋯⋯⋯⋯⋯⋯⋯ 1/2顆
低筋麵粉⋯⋯⋯⋯⋯⋯⋯⋯ 2大匙
沙拉油⋯⋯⋯⋯⋯⋯⋯⋯⋯ 適量

〔調味料〕
紅酒⋯⋯⋯⋯⋯⋯⋯⋯⋯ 150毫升
番茄罐頭⋯⋯⋯⋯⋯⋯⋯⋯⋯ 1罐
雞湯塊⋯⋯⋯⋯⋯⋯⋯⋯⋯⋯ 1塊
番茄醬⋯⋯⋯⋯⋯⋯⋯⋯⋯ 2大匙
伍斯特醬或烏醋⋯⋯⋯⋯⋯ 2大匙

作法

STEP 1

- 先將洋蔥逆紋切好備用。

STEP 2

- 在平底鍋中倒入沙拉油熱鍋，放下牛肉炒熟。

STEP **3**

- 接著加入洋蔥炒到透明。

STEP **4**

- 熄火後，撒入低筋麵粉拌勻。

STEP **5**

- 倒入調味料開火燉煮。

STEP **6**

- 煮沸後轉小火，續煮 10 分鐘就完成。趁熱澆淋在煮好的白飯上。

Tips

■ 先撒低筋麵粉拌勻後，再加入水分的話，麵粉比較不會結成顆粒狀。

想要犒賞自己的時候
鯛魚茶泡飯

如果買到鯛魚生魚片的話，不妨做成鯛魚茶泡飯吧。
只要花一點時間，就能做出高級日式料理店中的一道優雅料理。
或許你會懷疑：難道日本人每天都在家吃這麼優雅的料理嗎？
事實上並沒有。
但是，偶爾買份美味的生魚片，
花一點時間做好吃的料理犒賞自己，想必是生活中的一大樂事。

材料

鯛魚生魚片⋯⋯⋯⋯⋯⋯200公克
白飯⋯⋯⋯⋯⋯⋯⋯⋯⋯⋯⋯適量

〔調味料〕
味醂⋯⋯⋯⋯⋯⋯⋯⋯⋯⋯⋯2大匙
醬油⋯⋯⋯⋯⋯⋯⋯⋯⋯⋯⋯2大匙
白芝麻⋯⋯⋯⋯⋯⋯⋯⋯⋯⋯2大匙

作法

STEP 1

- 鯛魚生魚片切片備用。

STEP 2

- 將味醂倒入鍋中煮沸。沸騰後放置1分鐘，讓內含的酒精揮發掉。
- 或是放入微波爐以500W加熱1分鐘，也可有相同效果。

STEP 3

- 將芝麻磨碎，大約磨至一半粉末一半顆粒狀，保持口感較美味。

STEP 4

- 最後將所有調味料混合拌勻。

STEP 5

- 放入切片的鯛魚生魚片，浸漬3分鐘左右。

STEP 6

- 浸漬好的生魚片鋪排在白飯上，最後淋上喜歡的熱茶就完成。
- 推薦使用綠茶或煎茶較美味。

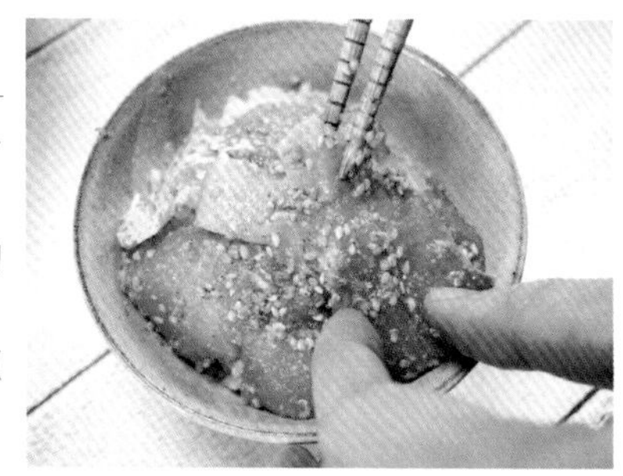

Tips

- 加上海苔絲或芥末一起享用更加分。

沖繩必吃美食
塔可飯

塔可雖然是墨西哥料理，在日本卻被歸類為沖繩料理，只要到沖繩旅遊，塔可飯絕對是必吃美食之一。

我個人超級喜愛塔可飯，每隔一小段時間，就會做來吃。作法有很多種，這次介紹其中最簡單的一種。

如果你突然想吃沖繩料理時，推薦你試試看這道食譜。

材料

豬絞肉⋯⋯⋯300公克
紅蘿蔔⋯⋯⋯⋯1/2根
洋蔥⋯⋯⋯⋯⋯⋯⋯1顆
青椒⋯⋯⋯⋯⋯⋯⋯2顆
蒜頭⋯⋯⋯⋯⋯⋯⋯1瓣
白飯⋯⋯⋯⋯⋯⋯⋯適量
橄欖油⋯⋯⋯⋯⋯⋯適量

〔調味料〕

番茄罐頭⋯⋯⋯⋯1罐
伍斯特醬⋯⋯ 50毫升
鹽巴⋯⋯⋯⋯⋯⋯⋯1撮
黑胡椒⋯⋯⋯⋯⋯⋯少許
辣椒粉⋯⋯⋯⋯1大匙

作法

STEP 1

- 將白飯除外的所有食材切末。

STEP 2

- 在平底鍋中倒入橄欖油，加熱將蒜末的香氣充分炒出來。

STEP 3

- 待香味散出後，倒入洋蔥末炒至透明。

STEP 4

- 接著加入紅蘿蔔及青椒末翻炒。

STEP 5

- 最後倒入絞肉一起炒鬆。

STEP 6

- 放下調味料拌炒均勻，然後續煮10分鐘。

STEP 7

- 煮到水分大略收乾後，嘗一下味道，加入適量鹽巴調整鹹味。

STEP 8

- 準備好白飯，將炒好的料蓋在飯上就完成了。

Tips

■ 如果有生菜，切碎一起加入也很好吃。

捏一捏、煎一煎，如此美妙的滋味

烤飯糰

一般的飯糰雖然很好吃，但如果烤一下將會更加美味。
先將調味料與米飯拌在一起後捏製成形，
如此一來，就連飯糰的中心也充分入味。
在家就能做出彷彿便利商店、餐廳般的美妙滋味。
推薦你多做一點，作為日常的便當菜色吧！

材料

白飯……………………………… 1杯

〔**調味料**〕

醬油…………………………… 3大匙

香油…………………………… 2茶匙

味醂…………………………… 2茶匙

鰹魚粉………………………… 1茶匙

作法

STEP 1

- 先將所有調味料混合。

STEP 2

- 接著加入煮好的白飯後拌勻。

STEP 3

- 雙手浸濕後，取適量米飯捏成飯糰形狀。

STEP 4

- 將捏好的飯糰並排置於平底鍋中加熱。

STEP 5

- 大約煎3～5分鐘，表面煎出焦色後翻面續煎。

STEP 6

- 兩面都煎出焦色就完成了。

Tips

■ 為了煎的過程中飯糰形狀不至於崩解，捏製飯糰時可以捏得緊實一些。

天天吃也不會膩的家常烏龍麵

蔬菜濃湯咖哩烏龍麵

對我來說，一年 365 天每天吃咖哩飯完全沒問題，但我的老婆會生氣。
所以常常將剩下的咖哩做些變化，其中最推薦的就是咖哩烏龍麵了。
只要加入鰹魚醬油，就能為咖哩創造美味的和風高湯基底。
在家就能輕鬆完成〇〇製麵的菜色。

材料

水………………1公升
鰹魚醬油露　2~3大匙
咖哩醬汁……100毫升
太白粉水…………適量
烏龍麵…………2人份

作法

STEP 1

- 將水煮沸後，放入咖哩及鰹魚醬油露。

STEP 2

- 嘗一下味道，如果不夠鹹，再用鰹魚醬油露及咖哩稍作調整。

STEP 3

- 接著熄火，加入太白粉水，再開火煮一次。

STEP 4

- 煮到勾芡狀，最後放入烏龍麵煮好就完成嘍。

Tips

- 湯底的鹹度及濃稠度都可以依照個人口味做調整。
- 如果手邊沒有剩餘的咖哩，也可以直接用咖哩塊製作。

名古屋經典，烏龍麵配味噌

味噌鍋燒烏龍麵

這道名古屋的經典美食，將烏龍麵與味噌一同燉煮，相當美味。烏龍麵的吃法古今中外有著諸多方式，其中我特別喜歡與味噌一同燉煮的烏龍麵料理。由於在台灣也不難買到紅味噌，推薦你一定要試試看這道麵料理。多做一點變成火鍋，也是相當推薦的吃法喔。

材料

烏龍麵……………………… 2人份
魚板……………………………數片
炸豆皮………………………… 1片
大蔥…………………………… 1根
香菇…………………………3~4朵
雞腿肉……………………200公克
蛋…………………………1~2顆

〔湯頭〕
高湯………………………800毫升
紅味噌……………………4~5大匙
砂糖………………………1.5大匙
料理酒……………………… 2大匙

作法

STEP 1

- 首先備料，將大蔥斜切1公分寬、雞肉切成一口大小、炸豆皮切細備用。

STEP 2

- 將湯頭材料放入鍋中，煮至味噌溶解。
- 建議用比例濃一點的高湯。這次使用的比例是750毫升高湯＋50毫升的水。

STEP 3

- 接著加入其他食材（蛋與麵除外），蓋上蓋子煮熟。

STEP 4

- 撈除浮沫。

STEP 5

- 加入烏龍麵煮至喜歡的軟度。

STEP 6

- 最後在鍋中打顆蛋即可上桌。

Tips

- 吃完後剩下的湯頭還可以加入白飯及蛋，煮成雜炊（稀飯）做收尾。
- 由於使用的紅味噌味道較重且濃厚，砂糖加多一點，湯頭會比較甘甜美味。撒上七味粉一起吃也是相當推薦的吃法。

調味大大不同，一吃上癮！

炒烏龍麵

平常的烏龍湯麵很好吃，
但在家庭料理中，炒烏龍麵也是相當經典的菜色。
這道日式炒烏龍麵，與你在台灣吃到的炒烏龍麵調味大大不同。
喜歡日式料理的人，應該會對它上癮喔。
日本有一陣子出現了像炒麵麵包這樣的商品，但最近已消失在市場上了。
或許炒烏龍麵加上麵包，對日本人來說還是不受歡迎的吧。

材料

烏龍麵……………………… 1人份
紅蘿蔔……………1/4根（40公克）
高麗菜…………………… 30公克
洋蔥………………1/4個（50公克）
豬肉片……………………100公克
柴魚………………………… 5公克
香油………………………… 1大匙

〔調味料〕
醬油……………………… 1.5大匙
米酒………………………… 2茶匙
砂糖………………………… 1茶匙

作法

STEP 1

- 將蔬菜切成適口大小。

STEP 2

- 在平底鍋內倒入香油，熱鍋後以大火快炒蔬菜。

STEP 3

- 蔬菜炒熟後，加入豬肉片翻炒。

STEP 4

- 接著放入烏龍麵及調味料，用夾子將麵拌開。

STEP 5

- 然後蓋上蓋子燜煮2分鐘。

STEP 6

- 最後開蓋拌勻，再撒上柴魚片就完成。

Tips

- 蔬菜可以視個人喜好調整用量。
- 加入青椒、香菇等也十分美味。

掃一掃，看影片

日本洋食店的經典美食

拿坡里義大利麵

日本洋食店的經典美食「拿坡里義大利麵」，如果家中有平底鍋的話，一定要試試看這道食譜。

由於是在平底鍋中直接加入義大利麵煮熟的關係，務必要充分加足水量。

也因為義大利麵會吸飽醬汁，所以在調味上別太淡會比較好吃。

同時，這也是一道很適合作為便當的菜色。

材料

義大利麵	200公克
蒜頭	1瓣
青椒	1個
鑫鑫腸	3根
洋蔥	半顆
橄欖油	適量

〔醬汁〕

番茄醬	6大匙
伍斯特醬	2茶匙
牛奶	3大匙
砂糖	2茶匙
水	300毫升

作法

STEP 1

- 將蒜頭切末；青椒、洋蔥及鑫鑫腸分別切成好入口的大小。

STEP 2

- 在鍋中倒入橄欖油並放入蒜片，慢慢以小火煎出香味。

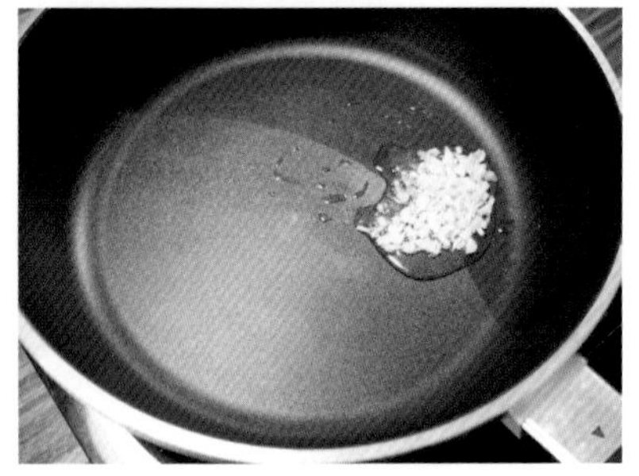

STEP 3

- 香味散出後，加入青椒、洋蔥及鑫鑫腸，開中火翻炒。

STEP 4

- 接著加入醬汁開始燉煮。

STEP 5

- 將義大利麵掰成兩半後加入鍋中煮，中途如果水分收太乾，可以補上100毫升水量。
- 燉煮時間：包裝時間+2分鐘。

STEP 6

- 煮到比喜歡的硬度稍硬時，蓋上蓋子續煮2分鐘，煮至義大利麵條的硬度剛好即可起鍋。

Tips

- 如果覺得鹹度不夠可加入鹽巴補足味道。

和洋折衷，讓你改觀的義麵風味

和風義大利涼麵

又是義大利又是和風，無論命名如何，在日本我們稱之為「和洋折衷 」。
這道料理最能體現這句話的涵義了。
「在義大利麵中加入芥末？！」或許你有如此的想法，但是我向你保證十分美味喔。
食譜中的美乃滋請使用日式美乃滋，現在台灣的超市也能輕鬆購得，
台式美乃滋由於加入砂糖，太甜了不適合這道料理。

材料

義大利麵……100公克
海苔絲………… 少許

〔調味料〕
日式美乃滋……2大匙
醬油…………… 1大匙
柴魚片……… 10公克
鮪魚罐頭………… 1罐
（60~70公克）
芥末醬……… 1/2茶匙

Tips

■ 如果用台式美乃滋，建議調理時加一點檸檬汁，增加酸味。
■ 喜歡芥末的話，可以多加一點更美味。

作法

STEP 1

• 準備一鍋1公升的滾水，放入1大匙鹽巴，按照包裝上的時間煮熟義大利麵。

STEP 2

• 煮熟後用冷水沖涼並瀝乾水分。

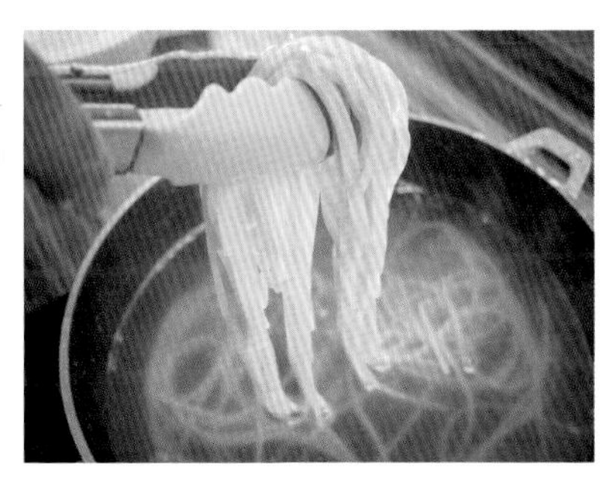

STEP 3

• 將義大利麵及調味料混合。

STEP 4

• 裝盤後撒上海苔絲就完成。

Chapter 2

不是漫威英雄，是餐桌上的開胃英雄

只要看到照片，

不禁開始分泌口中的唾沫。

本篇介紹的正是這些開胃菜色，

無論是成長中的孩子，亦或是大人

都能多扒好幾口飯的日式家庭料理。

不僅材料取得容易，

忙碌的時刻，三兩下就能做好的食譜，

推薦你們一定要試試看。

只要一點點，連續吃三碗飯

佃煮柴魚昆布

做柴魚及昆布高湯剩下的材料千萬不要丟掉！
它可以做成好吃的「佃煮 」料理。
這道甜甜的傳統日式小菜，作法很簡單又很下飯。
只要一點點，連續吃三碗飯都沒問題呢。
啊，難怪我的肚子會變得這麼大……。

材料

煮高湯剩下的昆布……………… 10公克
煮高湯剩下的柴魚……………… 40公克

〔調味料〕
高湯………… 50毫升
砂糖……………2大匙
米酒……………2大匙
醬油……………2大匙

作法

STEP 1

- 將製作高湯剩餘的柴魚及昆布留著備用。昆布切小塊。
- 高湯製作方法請參考p12-15。

STEP 2

- 在鍋內加入所有材料及調味料，以小火慢煮。

STEP 3

- 不時攪拌鍋內的柴魚昆布，持續煮至水分收乾。

STEP 4

- 將柴魚昆布的水分煮乾即完成。

Tips

- 製作高湯後剩餘的昆布及柴魚可以冷凍備用，收集至一定程度就可以做成料理了。
- 將放涼後的柴魚昆布冷藏起來，可以當常備菜及日常小菜。

全日本男性都喜歡的白飯殺手
泡菜炒豬肉

「泡菜炒豬肉」是全日本男性都喜歡的料理。這個說法一點也不誇張，這道菜餚因此號稱「白飯殺手」。如果家裡有快過期的泡菜，推薦你不妨全部拿來做成泡菜炒豬肉吧。作法相當簡單，只要跟著食譜做，料理等級立刻就能提升。

材料

豬五花……………………200公克
韓式泡菜……………………適量
韓式辣椒醬…………………1大匙
白芝麻………………………適量
食用油………………………適量

〔醃漬料〕
醬油…………………………1大匙
料理酒………………………1大匙
太白粉………………………2大匙

作法

STEP 1

- 將豬肉與醃漬料（太白粉除外）放在一起，抓醃一下。

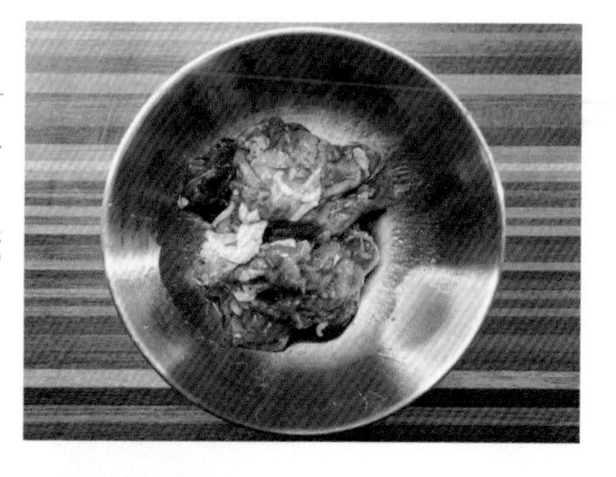

STEP 2

- 接下來放入太白粉，稍微抓醃並拌勻。
- 這個步驟可以使調味料更容易包覆在肉上。

STEP 3

- 在平底鍋中倒入適量食用油，放下豬肉片，以大火翻炒。

STEP 4

- 炒熟後加入韓式辣椒醬拌勻。

STEP 5

- 加入泡菜，翻炒一下。

STEP 6

- 起鍋前撒一點白芝麻，拌勻就完成了。

Tips

- 加上蔥、白芝麻、豆芽菜也都很好吃喔。

不夾生、不失敗的美味漢堡排

茄汁煮漢堡排

手作料理的經典食譜，不能錯過漢堡排。
但是漢堡排經常給人難以料理的印象，例如中心沒有熟。
這時，利用與醬汁一同燉煮就能輕鬆解決這個問題。
在燉煮期間，漢堡排的中心也能好好煮熟，毋須擔心失敗。

材料

〔漢堡排〕

豬絞肉………350公克
洋蔥……………1/2顆
麵包粉…………5大匙
牛奶……………5大匙
蒜末………………1瓣
胡椒鹽…………少許
肉豆蔻粉……1/2茶匙
蛋黃………………1顆
鴻禧菇…………適量

〔醬汁〕

番茄罐頭…………1罐
番茄醬…………4大匙
伍斯特醬（或烏醋）
…………………1大匙
紅酒………… 50毫升
鹽巴…………… 少許

作法

STEP 1

- 將洋蔥切丁；蒜頭切末。取一個大碗，放入漢堡排的所有材料（鴻禧菇除外）。

STEP 2

- 用手徹底拌勻。

STEP 3

- 當絞肉拌出黏性時，輕輕捏成橢圓形。

STEP 4

- 在雙手間相互投擲（大約10～20次），去除漢堡排中的空氣。

STEP 5

- 最後，在橢圓形的漢堡排中心，輕輕壓出一個淺淺的凹痕。

STEP 6

- 在平底鍋中薄薄塗上一層油，放入漢堡排。

STEP 7

- 以中小火兩面都煎出焦色後，加入紅酒煮1分鐘至酒精揮發。

STEP 8

- 最後加入醬汁材料及鴻禧菇，燉煮10分鐘。
- 燉煮期間可以將漢堡排翻面，使其充分入味。

Tips

- 煎煮過程中，由於漢堡排的中心會膨起，所以需要在成形時，於中心輕輕壓出凹痕。注意，如果壓得太用力，中心的分量會減少，輕輕地壓凹即可。
- 此外，因為燉煮時間較長，所以無需擔心漢堡排的中心沒熟。
- 調製醬汁時建議嘗一下味道做調整，比較不易出錯。

懶得做菜時的最佳救贖

和風醬炒蔬菜豬肉

沙拉醬中通常富有多種調味料，將其與豬肉、蔬菜一同浸漬入味，
再快炒一番就能來個華麗大變身。
「今天好懶得做菜喔！」又想吃到熱騰騰的料理，
就不能忘記這像英雄般的調味品。
吃完後，明天也能繼續努力。

材料

豬肉…………100公克
高麗菜………… 1/8顆
紅蘿蔔1段(約3公分)
豆芽菜…………… 1把
沙拉醬………100公克
黑胡椒………… 少許

Tips

- 家裡如果有用不完的沙拉醬，試著拿來炒肉或炒菜吧！
- 可以直接將食材丟入鍋中浸漬，減少洗碗的數量。

作法

STEP 1

- 將豬肉及蔬菜切成好入口大小，放入盆中。

STEP 2

- 倒入沙拉醬浸漬10分鐘。

STEP 3

- 接著開大火將全部的材料炒熟。

STEP 4

- 最後用黑胡椒稍微調整味道就可起鍋。

當仁不讓的開胃首選

薑燒豬肉

說到下飯的配菜，沒有其他菜能超越薑燒豬肉了。
這道我相當喜愛的料理，甜鹹的醬汁加上生薑的清爽，相當開胃。
事實上，原先這道料理稍微偏甜一些，
因此我略略調整了比例，降低了甜味。
在日本，我們習慣吃薑燒豬肉時搭配美乃滋一起吃，
美味程度無與倫比。

材料

豬肉片……………………200公克
食用油…………………………適量

〔醃漬料〕
醬油………………………… 2大匙
味醂………………………… 2大匙
米酒………………………… 1大匙
薑末…………… 1 節（約15公克）

作法

STEP 1

- 先將醃漬用的調味料混合備用。

STEP 2

- 在鍋內倒入少許油，大火快炒豬肉片。

STEP 3

- 用廚房紙巾吸除多餘的油脂。

STEP 4

- 豬肉炒熟以後，倒入調味料拌勻使其入味。

STEP 5

- 煮到水分收乾即可盛盤。

STEP 6

- 將高麗菜切絲，一同置於盤中就完成。

Tips

- 喜歡甜一點的口味可以在調味料中追加1茶匙砂糖。

不需要技巧也能做出來的時髦義式料理

茄汁煮雞肉

只要將所有材料丟進電子鍋，就能做出時髦的義式料理。
巧妙運用電子鍋，你也可以化身成為義式餐廳的主廚。
剩餘的醬汁推薦你可以拌義大利麵，
或是加入白飯做成義式燴飯都不錯。
啊，口水流出來了！

材料

雞腿肉………200公克
鴻禧菇………… 1/2包
洋蔥…………… 1/4顆

〔調味料〕
雞湯塊……………1 顆
水……………100毫升
醬油…………… 1茶匙
鹽巴………… 1/2茶匙
黑胡椒粉……… 適量
月桂葉…………… 1片
奶油……………5公克

Tips

■ 除了雞湯塊之外，你也可以用水或其他高湯替代（建議使用蔬菜高湯）。

作法

STEP 1

• 將雞腿肉切成好入口的大小；洋蔥順紋切片。

STEP 2

• 雞腿肉、洋蔥及鴻禧菇先放入飯鍋中。

STEP 3

• 再將調味料也放入鍋中，然後按下煮飯鍵。

STEP 4

• 待煮飯鍵跳起，再撈出月桂葉丟棄，並攪拌均勻就完成了。

在家中也能完成的餐廳級美味

照燒雞腿排

只要是照燒口味，無論什麼食材都讓人喜愛，
照燒雞腿排是一道只要出現在腦海，就會不自覺分泌唾沫的料理。
雞腿排的詳細作法，將在食譜中仔細介紹。
或許你會有沙拉油是不是太多的疑問，
但就像台灣料理中的炒時蔬一樣，油放多一點的話，美味也會加倍。
為了將外皮煎酥脆，就需要讓食材裹上油，炸出食材中的水分，才能完成雞腿排金黃的外衣。
餐廳級的美味，在家中也能完成，請務必試試看。

材料

去骨雞腿肉………1片
沙拉油…………1茶匙

〔**照燒醬汁**〕
米酒……………4大匙
醬油……………3大匙
味醂……………3大匙
砂糖……………1大匙

作法

STEP 1

- 將調味料調勻為照燒醬汁備用

STEP 2

- 在雞腿表面用叉子戳數個洞，正反面都要。

STEP 3

- 在平底鍋內倒入1茶匙沙拉油。

STEP 4

- 雞皮面朝下以大火煎熟。
- 由於雞皮也會釋出油脂，所以油只需放一點點就夠了。

STEP 5

- 用鏟子壓著雞肉持續煎2分鐘。

STEP 6

- 大約煎2分鐘後放開鍋鏟，繼續再煎6分鐘。
- 此時出來的油脂一邊煎一邊用湯匙撈起淋在雞腿上。

STEP 7

- 接著翻身再煎3分鐘，用廚房紙巾吸掉多餘油脂。

STEP 8

- 加入照燒醬汁，煮到調味料變濃稠就可以熄火。

Tips

■ 皮煎得焦焦脆脆的才是最完美的雞腿排。

掃一掃，看影片

所有的日本人都喜愛的
日式炸雞塊
蒜味醬油炸雞塊

鹽酥雞和雞排在台灣廣受歡迎和喜愛，
相信你們也會喜歡這道結合蒜頭及醬油香氣的日式雞塊。
在麵衣中就充分進行調味，
濃厚的滋味相當適合配上米飯一起享用，
再來一杯冰啤酒更是過癮極了！

材料

雞胸肉………300公克

〔醃料〕

水……………100毫升
砂糖……………2茶匙
鹽巴…………… 1茶匙

〔調味料〕

米酒…………… 1大匙
味醂…………… 1大匙
醬油…………… 1大匙
香油…………… 1茶匙
蒜末……………… 1瓣
薑末……………… 1節

〔麵衣〕

太白粉……… 30公克

作法

STEP 1

- 先將雞胸肉切成適口大小。

STEP 2

- 將雞肉與醃料放入盆中，揉捏按摩一下，放置浸漬2分鐘。

STEP 3

- 接著濾掉水分，加入調味料按摩一下，再醃15分鐘左右。

STEP 4

- 將太白粉直接倒入醃漬盆內，按摩揉勻。

STEP 5

- 起一鍋攝氏160度～170度的油鍋，放入雞塊炸3分鐘。

STEP 6

- 將炸好的雞肉取出，放置5分鐘。

STEP 7

- 等待期間將鍋內溫度調高至約攝氏180度。

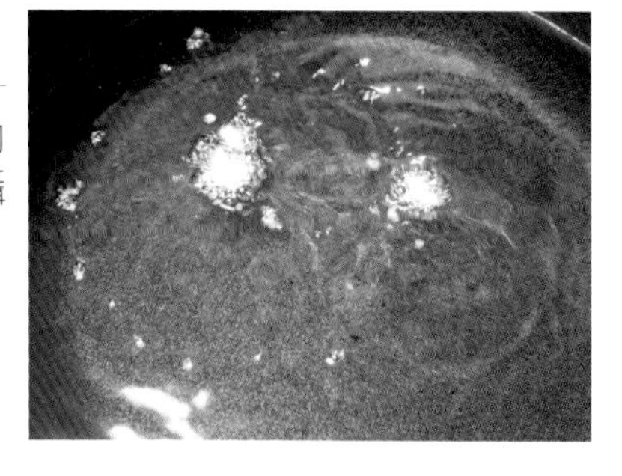

STEP 8

- 最後下鍋搶酥1分鐘就完成。

Tips

- 如果用雞胸肉怕口感太柴的話，可以炸2分鐘，比較不柴。
- 充分揉進醃料後，能讓雞塊鎖住水分，吃起來更鮮嫩多汁。
- 第一次炸好放置在常溫下，可以讓中心充分加熱，避免雞肉的中心沒有熟，這道手續不可省。

只要冰箱裡有豆腐，煎一煎就能上桌
鐵板豆腐

說到減肥的好夥伴，就不得不提到豆腐這項食材了。這道鐵板豆腐無論是下酒或是作為配菜都相當合適。如果你懶得去除水分的話，直接調理也相當美味。保證好吃到想去超市掃空豆腐的貨架喔！

材料

豆腐……………………………… 1盒
低筋麵粉……………………… 適量
橄欖油………………………… 適量

〔調味料〕
醬油…………………………… 1大匙
味醂…………………………… 1大匙
蒜末…………………………… 1瓣

作法

STEP 1

- 將豆腐切適口大小後，用廚房紙巾包起來，用重物壓10～15分鐘。
- 這個作法是為了去除豆腐中的水分。

STEP 2

- 或是將豆腐用廚房紙巾包起來，放入微波爐以500W的火力加熱5分鐘。
- 這個作法是為了去除豆腐中的水分。

STEP 3

- 先在豆腐的兩面撒上薄薄一層麵粉。

STEP 4

- 再將調味料拌勻備用。

STEP 5

- 在平底鍋中倒入橄欖油加熱後，放入豆腐兩面煎出金黃色。

STEP 6

- 最後再淋上調味料，使豆腐均勻包裹醬汁就可以起鍋。

Tips

- 如果覺得甜味不夠的話，可以追加1/2茶匙的砂糖。
- 也可以撒上黑胡椒。

Chapter 3

啊，百吃不厭的日本家鄉味！

隨著家庭的不同，

各家懷念的媽媽味也有著些微的差異。

本篇想介紹我們稱之為家鄉味的料理。

在日本，馬鈴薯燉肉或煮物等，

都是自小便常出現於餐桌的家庭菜色。

這就是家鄉的味道！

日式家庭料理為數眾多，

材料都是常見於超市的平常食材。

雖然這麼說，但我的媽媽是台灣人，所以

這其實不是我媽媽的拿手菜色！（笑）

交給電子鍋燉煮就能輕鬆完成

筑前煮

筑前煮是日式煮物的經典代表，用電子鍋就能輕鬆完成。
只需花點時間將食材處理好，接下來就交給電子鍋燉煮。
有著滿滿的根莖類蔬菜和豐富的膳食纖維，對健康相當有益。
十分推薦給減肥中的人，納入日常飲食。

材料

香菇……………………5朵
紅蘿蔔………………1根
竹筍(處理後) …1支
蒟蒻……………………1塊
蓮藕…………100公克
牛蒡……………………1支
豌豆……………… 適量

〔調味料〕

水………………400毫升
鰹魚粉…………1茶匙
料理酒…………4大匙
砂糖……………1大匙
味醂……………3大匙
醬油……………3大匙

Tips

- 煮好後放涼再置入冰箱冷藏，食材會更加入味。
- 牛蒡的處理方法請見p21。

作法

STEP 1

- 開始處理食材：紅蘿蔔、筍分別切塊；牛蒡切小段；蓮藕及香菇切厚片。

STEP 2

- 將食材與調味料放入電子鍋中。

STEP 3

- 拌勻混合後，定時30分鐘按下煮飯鍵。

STEP 4

- 煮好後，繼續保溫30分鐘入味就完成。

免顧爐火的輕鬆料理

蘿蔔雞肉煮物

在日本家庭中，煮物是相當常見的菜色。
看起來似乎是費時的料理，但只要交給電子鍋就能輕鬆做出來。
電子鍋最大的好處是免顧爐火，做其他料理時就能一併完成。
無論是紅蘿蔔、竹筍或蓮藕，都很適合一同加入，
當遇到產季時請務必買來一同料理。
但是，上述材料愈放愈多的話，就會慢慢變成日式筑前煮了。

材料

雞肉…………250公克
白蘿蔔…………1/3 根
（約300公克）
水……………250毫升
味醂………… 50毫升
醬油………… 50毫升
米酒………… 50毫升
鰹魚粉…………1茶匙
砂糖……………1大匙

作法

STEP 1

- 將雞肉及白蘿蔔切好成方便入口的大小。
- 如果用的是小雞腿，直接使用即可。

STEP 2

- 全部材料放入電子鍋中。

STEP 3

- 將材料拌勻後按下煮飯鍵。

STEP 4

- 煮好後，不要開蓋，維持保溫功能放置30分鐘就完成。

Tips

■ 煮好後，記得要維持保溫功能幫助食材入味。雖然馬上打開來吃也OK，但是放置入味後會更加美味。

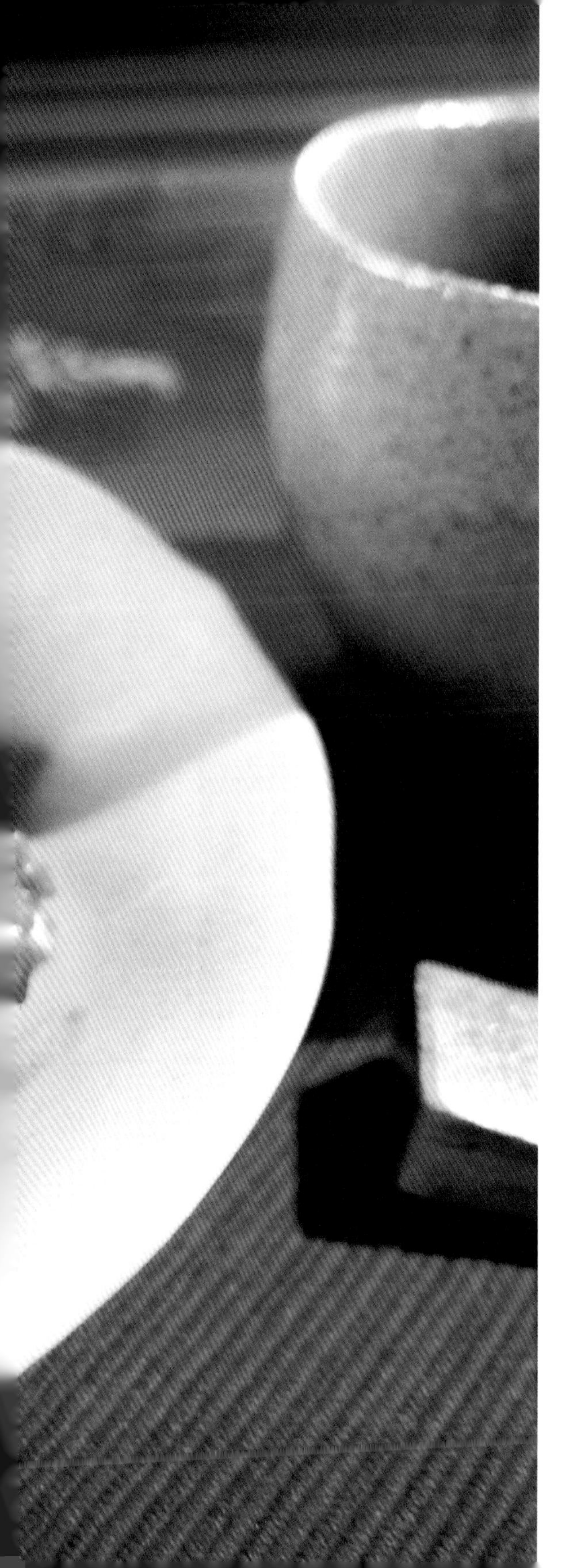

配多少飯都沒問題
鯖魚味噌煮

日本人的骨子裡充滿了味噌。
滋味濃厚的鯖魚味噌，無論配上多少飯都沒問題。
如果沒買到鯖魚的話，用別的魚也ＯＫ。
味噌用一般市售的味噌就好了。

材料

鯖魚………………………………3片
生薑……………1 節(約15公克)

〔調味料〕
醬油……………………………1大匙
味噌……………………………2大匙
味醂……………………………50毫升
米酒……………………………50毫升
水……………………………100毫升

作法

STEP 1

- 將鯖魚處理後切成大塊，並在皮上用刀淺淺劃一個十字型，幫助入味。

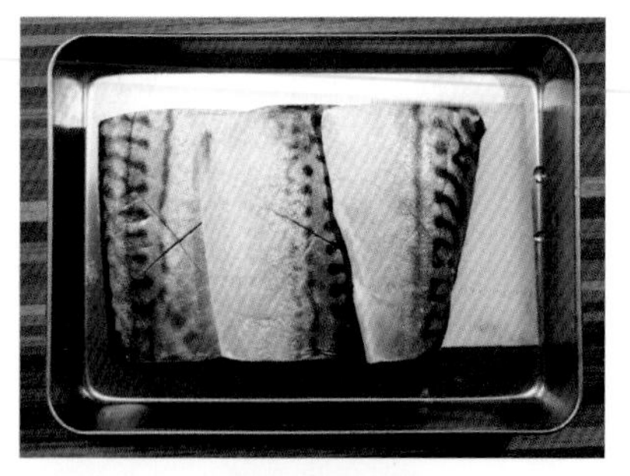

STEP 2

- 生薑切絲。

STEP 3

- 煮一壺熱水，在耐熱容器中放入鯖魚，並淋上熱水川燙一下。

STEP 4

- 接著將水倒掉，並將鯖魚表面的髒汙洗淨。

STEP 5

- 在電子鍋中倒入調味料混合調勻。

STEP 6

- 接著放入鯖魚及薑絲，按下煮飯鍵，跳起來就完成了。

Tips

■ 怕魚腥味的話，可以選擇在鍋中追加一小把青蔥去除腥味，煮完再丟棄即可。

餐廳吃不到的日本媽媽味

鮪魚罐頭滷白菜

我最喜歡台灣的滷白菜了。
雖然台式滷白菜的作法我不太清楚，
但是我想介紹日本家庭料理的滷白菜作法給大家。
鮪魚罐頭中保有鮮甜的風味，無論大人小孩都非常喜歡。
日式鮪魚罐頭滷白菜在餐廳很少見到，是一道相當道地的日式家庭菜

材料

鮪魚罐頭…………1罐
大白菜………… 1/4顆
醬油……………2大匙
砂糖……………2大匙
鹽巴……………1小撮
高湯…………… 2大匙

Tips

- 白菜出水後一定要充分地攪拌混合。
- 食材本身就帶有甘甜的味道，不喜歡太甜的調味，可以減少砂糖用量。
- 也可以改用高湯粉取代高湯，高湯粉用1茶匙就夠了。

作法

STEP 1

- 將白菜切成2公分左右的寬度。

STEP 2

- 將鮪魚罐頭裡的湯汁瀝掉，與白菜及其他調味料一起放入鍋中。

STEP 3

- 蓋上蓋子以中火煮5分鐘。

STEP 4

- 5分鐘後，打開蓋子，此時白菜出水了，攪拌一下，再蓋回蓋子，繼續煮5分鐘，等白菜煮軟就完成了。

掃一掃，看影片

翹腳看漫畫就能完成的料理

角煮

感覺需要花點時間的日式角煮，其實用電子鍋就能簡單做出來。
只要把全部材料放入鍋中，按下按鈕就能完成。
在飯鍋努力工作的時候，
你就可以在一旁翹著腳看漫畫等著吃美味料理嘍！

材料

猪肉……… 500公克
白蘿蔔………… 1/3根
水煮蛋……………4顆
青蔥……………… 1支
生薑…………… 數片

〔調味料〕
日式高湯（或水） …
………………800毫升
醬油………… 150毫升
味醂………… 150毫升
米酒…………200毫升
砂糖……………4大匙

Tips

■ 有些電飯鍋可能會發生感應不到煮飯完成的狀況，如果遇到這種情形，可以自己算好時間，加熱約1小時就OK了。

作法

STEP 1

- 首先將豬肉切成好入口的大小。蘿蔔切塊；青蔥切段；生薑切片。水煮蛋預先煮好剝殼。

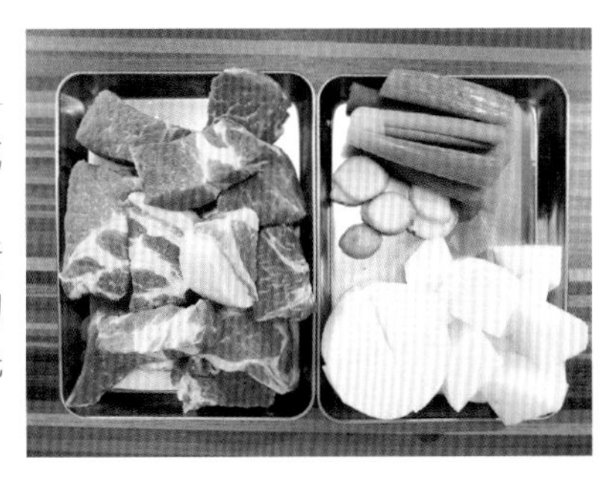

STEP 2

- 接著在電鍋內鍋中放入所有的材料（水煮蛋除外），設定煮白米飯的功能按下煮飯鍵。

STEP 3

- 約50分鐘後煮好開蓋，將蔥薑取出並撈除灰浮沫，放入剝好蛋殼的水煮蛋，再次按下煮飯鍵。

STEP 4

- 加熱50分鐘後就完成了。

掃一掃，看影片

配一杯冰啤酒就是幸福滋味

天婦羅

在日本，天婦羅原來是普通的家庭料理。與高級料理無法畫上等號。
不知從什麼時候起，天婦羅變成高級和食的代名詞。
天婦羅就這樣從平凡人躍升為貴族。
在家做天婦羅其實很簡單，
只需將蔬菜切一切後沾裹薄薄的麵衣，下鍋油炸就完成，
推薦你試著運用當季蔬菜來做。

材料

- 食材請隨喜好做選擇

蝦子…………… 適量
茄子…………… 適量
南瓜…………… 適量
香菇…………… 適量
舞菇…………… 適量
紫蘇…………… 適量
蘆筍…………… 適量
蓮藕…………… 適量

〔炸蔬菜〕
洋蔥絲、紅蘿蔔絲、鴨兒芹…………… 適量

〔麵衣〕
低筋麵粉…… 100公克
太白粉…………2茶匙
水………… 200毫升

作法

STEP 1

- 首先將想吃的食材切好備用。

STEP 2

- 將蝦殼去除（留下尾巴最後一節），開背挑除腸泥，在腹部的部分輕切四刀。

STEP 3

- 壓一下蝦背部，將筋折直。

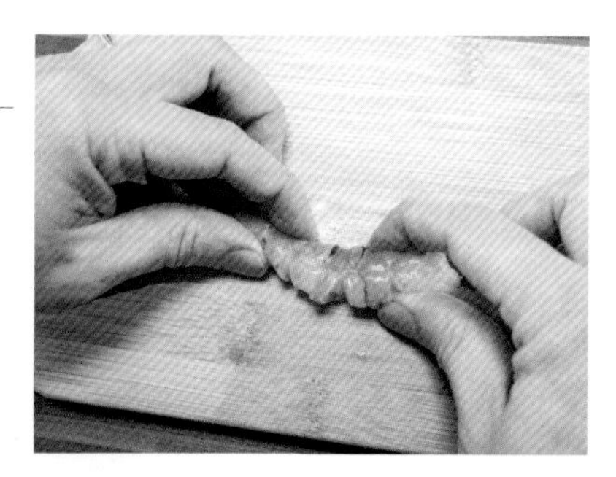

STEP 4

- 進行油炸前，將麵衣材料混合成麵糊備用。

STEP 5

- 熱油鍋至攝氏170度左右。

STEP 6

- 蝦沾裹麵糊後下鍋油炸，炸到酥脆即可起鍋。

STEP 7

- 剩下的麵糊與要炸的蔬菜一同拌勻，下鍋油炸。

STEP 8

- 裹上麵糊後的蔬菜放在湯勺中下油鍋，這樣下鍋油炸比較不會散掉，炸到酥脆即可起鍋。

Tips

- 調製麵糊時請使用冷水，加入冰塊尤佳，如此一來可以讓炸過的麵衣更加酥脆。

居酒屋必點菜色

肉豆腐

將豆腐與肉一同燉煮的肉豆腐，是一道日式經典美食。
在居酒屋飲酒時，如果見到菜單上有這道料理，我一定會點來吃。
用鍋子慢慢燉煮也可以，但是交給電子鍋的話更能輕鬆完成。
換成雞肉或是豬大腸來做也相當美味，推薦你試試。

材料

火鍋豬肉片…200公克
豆腐………………1盒

〔滷汁〕
高湯…………200毫升
醬油……………3大匙
味醂……………3大匙
料理酒…………2大匙

Tips

■ 想要再甜一點的話，可以調整砂糖用量。

作法

STEP 1

- 依序將豆腐及豬肉片放入電子鍋中。

STEP 2

- 加入滷汁材料後按下煮飯鍵開始滷煮。

STEP 3

- 煮到10分鐘時打開鍋蓋，將豆腐翻面。

STEP 4

- 蓋上鍋蓋再繼續煮15分鐘後就完成了。

掃一掃，看影片

在家用電子鍋就能料理出來

馬鈴薯燉肉

説到日式家庭料理，想必許多人腦海中浮現的就是馬鈴薯燉肉吧！
馬鈴薯燉肉可以説是最基本的日式家庭料理。
其實運用電子鍋就能輕鬆做好馬鈴薯燉肉。
想吃到日劇中常見的這道佳餚，在家也能實現喔！

材料

馬鈴薯…… 4~5小顆
豬肉片…… 250公克
洋蔥……………… 1顆
紅蘿蔔…………… 1根

〔調味料〕
水……………350毫升
鰹魚粉………… 1茶匙
醬油……………3大匙
米酒……………3大匙
味醂……………3大匙
砂糖……………2大匙

Tips

■ 有時間的話，煮好後建議放入保鮮盒，置於冰箱冷藏一晚可以更加入味。

作法

STEP 1

- 準備所有食材：馬鈴薯、紅蘿蔔切滾刀塊；洋蔥逆紋直切。

STEP 2

- 將所有食材放入電子鍋中。

STEP 3

- 加入調味料後攪拌均勻，放入電子鍋中，按下「煮飯鍵」。

STEP 4

- 煮好後就完成。

掃一掃，看影片

請電鍋代勞真方便
馬鈴薯沙拉

蔬菜當中我喜歡的第一名就是馬鈴薯。
以前我可以一個人吃掉1公斤的馬鈴薯，吃到都被老婆阻止的程度。
如果不想開火，又想吃到好吃的馬鈴薯沙拉，
那麼可以請電子鍋代勞。
做起來很簡單又免顧爐火，超方便。

材料

馬鈴薯	3～4顆	日式美乃滋	2大匙
紅蘿蔔	1/4根	美式黃芥末	適量
小黃瓜	1/3根	黑胡椒粉	適量

作法

STEP 1

- 首先在電子鍋的內鍋放入洗淨的馬鈴薯，並加水至馬鈴薯1/3高度。

STEP 2

- 選擇按下「快速煮飯」功能後，開始烹煮。
- 如果有雞湯塊的話，這時候一起放入，可以讓馬鈴薯更有味道。

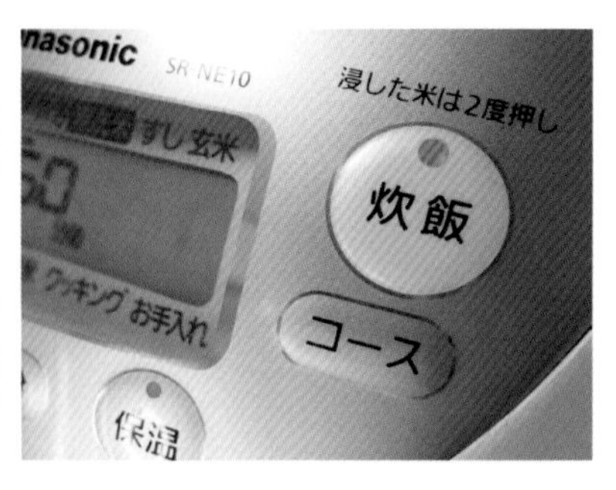

STEP 3

- 小黃瓜及紅蘿蔔分別切薄片。

STEP 4

- 小黃瓜片和紅蘿蔔片放入鹽水中浸泡10分鐘。
- 此步驟可省略，但如果有做的話會更加美味。

STEP 5

- 煮好的馬鈴薯將皮剝掉，用叉子大略搗碎。

STEP 6

- 最後把全部材料混合就完成了。

Tips

- 做好後試吃一下，如果覺得味道不夠可以再加一點鹽巴調味。
- 美乃滋推薦使用日式的，比較對味喔！

馬鈴薯沙拉的油炸變身法

馬鈴薯沙拉可樂餅

如果家中有剩餘的馬鈴薯沙拉，
裹上麵衣下鍋油炸又是一道美味的料理。
由於跟可樂餅的製作材料沒什麼區別，
所以內餡替換成可樂餅也可以。
用平底鍋油炸的話，油量也無需太多，後續清潔會更加輕鬆。
此外，這道料理也很適合作為便當配菜。

材料

馬鈴薯沙拉……　適量

〔麵衣〕

蛋…………………1個

低筋麵粉………1大匙

水………………2茶匙

麵包粉…………　適量

作法

STEP 1

- 先準備好馬鈴薯沙拉。

STEP 2

- 麵衣材料（麵包粉除外）攪拌混合成麵糊，麵包粉盛在盤中備用。

STEP 3

- 將馬鈴薯沙拉捏成喜歡的大小。

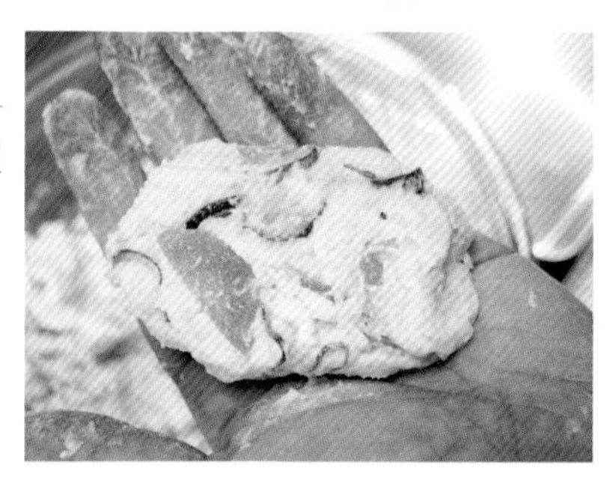

STEP 4

- 均勻沾上麵糊。

STEP 5

- 再沾上麵包粉。

STEP 6

- 在鍋中熱油，加熱至攝氏200度。
- 插入筷子後冒出很多泡泡的話，大約為200度。

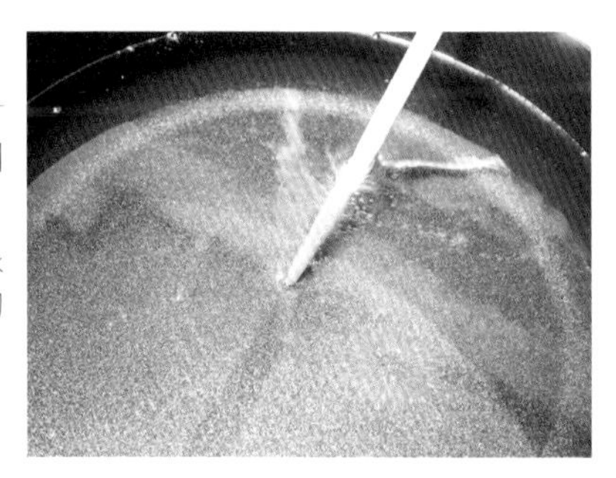

STEP 7

- 放入裹上麵衣的馬鈴薯沙拉，下鍋油炸1分鐘。

STEP 8

- 翻面再炸1分鐘即可起鍋，待瀝乾多餘的油之後就完成。

Tips

- 馬鈴薯沙拉中的材料比較大塊，建議可以事先剁碎，講究口感的話，直接捏成可樂餅也OK。
- 馬鈴薯沙拉先放置常溫再行料理，才不會產生油炸後可樂餅中心還很冰的狀況。

掃一掃，看影片

吃不完的泡菜和蛋一起下鍋煎吧！

泡菜鐵板燒

岐阜縣的鄉土料理「泡菜鐵板燒 」是一道鮮為人知的美味料理。
它的作法如此簡單，味道卻相當好，
只要家裡有剩餘的、太酸的醃漬泡菜，
下次就試試看與蛋一起下鍋煎吧。

材料

白菜淺漬……100公克
蛋…………………2顆
鰹魚醬油露（2倍濃縮）
…………………1茶匙
香油……………2茶匙
柴魚………………1把

Tips

- 鰹魚醬油露是決定味道的關鍵，請依照你喜歡的濃度做調整。
- 如果不喜歡鰹魚醬油露，不放也很好吃。

作法

STEP 1

- 首先將大白菜淺漬（作法請參考p.180）切成好入口的大小，並瀝乾水分備用。

STEP 2

- 蛋打散，加入鰹魚醬油露拌勻。

STEP 3

- 在平底鍋中倒入香油熱鍋，放入白菜翻炒。

STEP 4

- 接著倒入蛋液，蓋上蓋子煎煮至你喜歡的熟度就可盛盤，起鍋前撒一些柴魚片。

Chapter 4

最愛暖暖這一鍋

說到暖胃，

就不得不提到鍋料理跟湯品了。

在日本有種類繁多的湯料理。

雖然大部分是以味噌湯為基底，

但是味噌湯以外的湯品我們也喝。

寒冷的天氣在家煮碗熱湯暖暖身子，

當真是一件十分幸福的事。

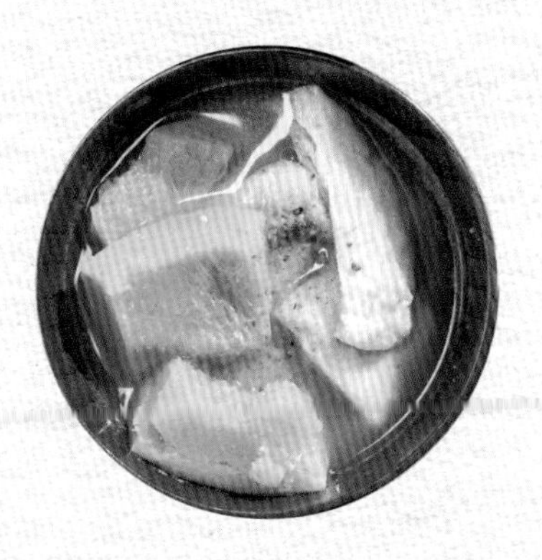

茄紅素爆棚的美味濃湯

番茄湯

只要將所有材料丟入電子鍋中，再按下煮飯鍵就能完成。
濃厚美味的番茄湯，不說沒人知道竟然是用電子鍋做出來的呢。
當然，這樣一道義式料理，搭配義大利麵或麵包都相當合適，
做了西式料理的同時，不妨配上這道湯品吧！

材料

番茄罐頭…………1罐
雞湯塊……………1顆
水…………… 400毫升
培根………… 50公克
馬鈴薯…………2小顆
洋蔥……………1小顆
紅蘿蔔………… 1/2根
鹽……………… 適量

作法

STEP 1

- 將蔬菜切小塊。

STEP 2

- 接著把所有材料放入電子鍋中。

STEP 3

- 將飯鍋中的材料攪拌混合後，選擇快速煮飯功能（30分鐘），開始煮。

STEP 4

- 完成後用鹽巴稍微調整味道即可享用。

Tips

■ 加入1瓣蒜頭也十分美味。

很有飽足感，豐簡由人

洋蔥湯

即使是胃口小的女生，也能喝完一碗煮得軟透美味的洋蔥湯。
只要一顆洋蔥就能有飽足感，很適合減肥時享用。
除了洋蔥之外，你也可以加入紅蘿蔔、馬鈴薯等食材，也很好吃喔！

材料

洋蔥……………………2顆
雞湯塊…………1~2顆
水……………500毫升
鑫鑫腸或培根……適量
黑胡椒………………適量
巴西里………………適量
橄欖油…………1茶匙

Tips

■ 雞湯塊的分量請依照包裝上做調整。

作法

STEP 1

- 將洋蔥去皮後，頭尾切除，並在頭尾劃上淺淺的米字型。
- 劃幾刀後，可以讓洋蔥在燉煮過程中充分入味。

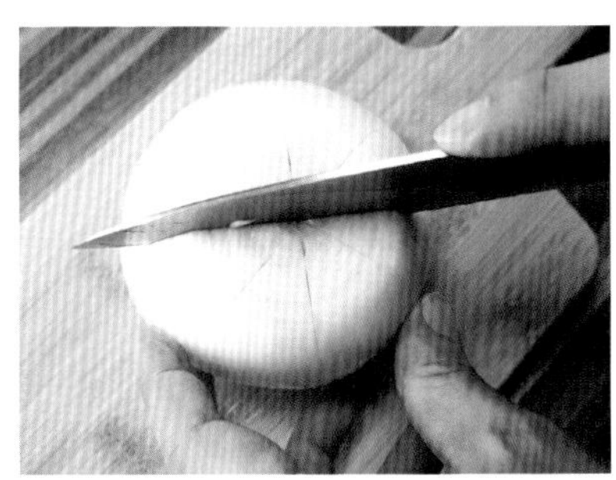

STEP 2

- 接著在電子鍋中放入所有材料。

STEP 3

- 按下煮飯鍵。

STEP 4

- 完成後，將材料盛盤，撒上黑胡椒及巴西里粉，並淋上1茶匙橄欖油就完成。

每天都想做來暖暖胃

蔘雞湯風雞湯

彷彿韓式料理的蔘雞湯，運用電子鍋也能做出來。
雖然看起來相當濃郁，事實上是一道爽口的湯品。
沒食欲的日子或身體不舒服時很推薦做來暖暖胃。
用電子鍋就能做的話，真的每天都想做來喝呢！

材料

糯米……………2大匙
水…………… 400毫升
小雞腿……………6支
青蔥………………3支

〔調味料〕
米酒…………… 1大匙
鹽……………… 1小匙
薑末…………… 1茶匙
蒜末…………… 1茶匙

作法

STEP 1

- 準備好小雞腿；將蔥切末。

STEP 2

- 在小雞腿表面抹上鹽巴。

STEP 3

- 將所有材料放入電子鍋中。

STEP 4

- 選擇「煮飯鍵」開始煮飯，煮好就完成。

Tips

■ 家裡如果有人蔘或辣椒的話，一起加入也好吃。

新奇又合拍的搭配組合

南瓜味噌湯

「日本人真的是什麼材料都能加入味噌湯中啊！」
或許你有著這樣的想法。
非常正確。只要能入口的材料都能放入味噌湯中。
南瓜甜甜的風味，搭配味噌湯相當合適。
食譜中我用電子鍋進行調理，但是如果想用鍋子加熱的話也沒問題。

材料

南瓜……………… 1/4顆
油揚豆皮…………2片
水………………… 1公升
鰹魚粉………… 1茶匙
味噌…………… 3大匙
七味粉……………適量

作法

STEP 1

- 將所有的南瓜及油揚豆皮切成適口大小。

STEP 2

- 將南瓜、油揚豆皮、鰹魚粉及水放入電子鍋中，設定時間「15分鐘」後，按下煮飯鍵。
- 也可以用電子鍋的「快速煮飯」功能。

STEP 3

- 煮好後，加入味噌混合。

STEP 4

- 最後撒點七味粉就完成。

Tips

- 味噌湯的濃度可以視個人喜好做調整。

掃一掃，看影片

忙碌日子的好幫手

法式蔬菜濃湯

營養滿分的蔬菜濃湯，休假時多做一些，
忙碌的日子就可以一點一點用來發展成各式料理。
在我們家最常出現的運用就是做成咖哩飯，省時又美味。

材料

高麗菜………… 1/4顆
紅蘿蔔……………1根
洋蔥……………1/2 顆
馬鈴薯……………1顆
鑫鑫腸……………6條
培根…………… 適量
蒜頭………………1瓣
蔬菜高湯…… 800毫升
(作法請見P11)
黑胡椒………… 適量

Tips

- 煮好後可以試一下味道，如果味道不夠，再添加少許的鹽巴做調整。

作法

STEP 1

- 削去紅蘿蔔及馬鈴薯的外皮，切滾刀塊；洋蔥切大塊；高麗菜切成好入口大小。

STEP 2

- 在深鍋裡放入培根以及鑫鑫腸充分炒香。

STEP 3

- 接著放入所有蔬菜，並加入蔬菜高湯，蓋上鍋蓋以大火煮沸。

STEP 4

- 煮沸後轉小火煮到蔬菜軟爛，最後撒點黑胡椒提味就完成。

掃一掃，看影片

冬季的精神糧食

豬肉味噌湯

日本的味噌湯有許多口味，其中我特別喜歡的就是豬肉味噌湯了。
將豬肉的鮮美充分融進味噌湯中，真的非常好喝。
很適合作為冬季的精神糧食。
此外，加入烏龍麵作為正餐也是不錯的選擇。

材料

豬肉……………………100公克
紅蘿蔔…………………………1根
洋蔥……………………………半顆
牛蒡…………… 半支（約25公分）
味噌……………………… 4～5 大匙
高湯……………………………1公升

作法

STEP 1

- 將蔬菜切成適口大小；洋蔥逆紋切寬片。
- 紅蘿蔔和牛蒡分別切片。

STEP 2

- 取一深鍋，熱油鍋放入豬肉以大火炒一下。
- 豬肉本身油脂較多時（如豬五花），也可以不放油直接翻炒。

STEP 3

- 放入所有蔬菜拌炒一下。

STEP 4

- 首先加入100毫升高湯，蓋上鍋蓋，燜燒3分鐘後開蓋。

STEP 5

- 倒入剩餘的900毫升高湯煮沸，撈除灰浮沫。

STEP 6

- 在熄火後加入味噌拌至溶解就完成了。
- 一定要熄火後再溶化味噌，如此味噌的營養才能保留。

Tips

- ■ **只要是根莖類蔬菜幾乎都很適合放入味噌湯中，你可以視個人喜好選擇蔬菜加入。**
- ■ **如果覺得味道過淡，可以多放一些味噌或撒上鹽巴。**
- 由於味噌本身就有鹽分，但不同廠牌的味噌濃淡不同，料理時務必多試味道。

我們家的自慢火鍋
韓式泡菜豆漿鍋

無論冷天還是大熱天都會讓人想吃韓式豆漿泡菜鍋。
加入無糖豆漿後的泡菜鍋，滋味醇厚，是我們家的祕密武器。
喜歡吃泡菜的人不要猶豫，直接加入一罐吧！
泡菜能讓你胃口大開，不知不覺就吃光光呢！

材料

豬肉……200公克
豆腐……1盒
韓式泡菜……適量
蛋……2顆

〔**湯底**〕
蔥末……1/2根
香油……1大匙
韓式辣醬……1大匙
蒜末……1大匙
辣椒粉……1大匙
牛肉高湯（或雞高湯）……1大匙
醬油……1茶匙
米酒……1茶匙
無糖豆漿……100毫升
水……300毫升

作法

STEP 1

- 首先將香油以外的湯底材料混合備用。

STEP 2

- 然後在鍋中倒入香油，放下豬肉以中火翻炒。

STEP 3

- 豬肉炒熟後，倒入湯底。

STEP 4

- 加入泡菜，蓋上鍋蓋煮沸。

STEP 5

- 將蛋打散，加入滾沸的湯鍋中。

STEP 6

- 最後將豆腐用手剝成大塊加入鍋中就完成了。

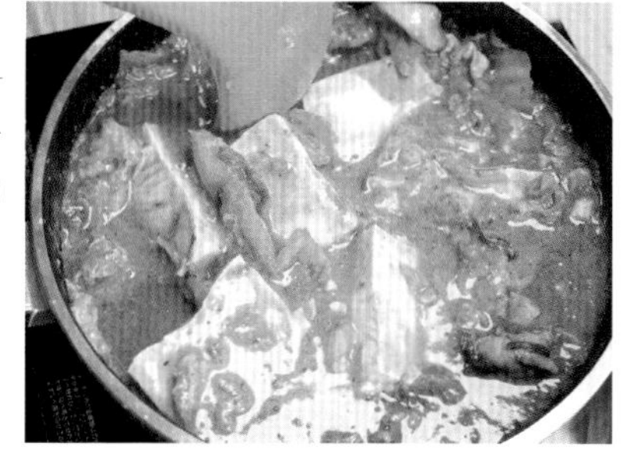

Tips

- 泡菜加入的量可以隨個人喜好調整。
- 不喜歡豆漿的話，也可以用水替代，合計400毫升的水。
- 豬肉換成海鮮也很推薦喔。

超滑嫩，吃完大大滿足感
豬肉壽喜燒

日本人其實很少在外吃壽喜燒，因為壽喜燒是一道很容易在家中完成的料理。
有時候不想拿出鍋子開火慢慢燉煮，
晚餐時刻卻想吃點燉煮料理，這時候最適合來鍋壽喜燒。
我個人喜歡豬肉壽喜燒勝過於牛肉，因此這道料理時常出現在我的餐桌上。
蓋在飯上做成豬肉丼也很好吃，吃完就能獲得大大的滿足感。

材料

豬五花⋯⋯⋯200公克
紅蘿蔔⋯⋯⋯⋯1/2根
洋蔥⋯⋯⋯⋯⋯1/2顆
金針菇⋯⋯⋯⋯1/3把
溫泉蛋⋯⋯⋯⋯ 隨意
太白粉⋯⋯⋯⋯ 適量

〔壽喜燒醬〕

醬油⋯⋯⋯⋯⋯5大匙
味醂⋯⋯⋯⋯⋯2大匙
米酒⋯⋯⋯⋯⋯2大匙
砂糖⋯⋯⋯⋯ 1.5大匙
水⋯⋯⋯⋯⋯⋯5大匙
鰹魚粉⋯⋯⋯⋯1茶匙

作法

STEP 1

- 洋蔥逆紋切寬片；紅蘿蔔也切片；金針菇切掉尾巴後用手剝開。

STEP 2

- 豬肉用太白粉抓醃一下。

STEP 3

- 調味料混合成壽喜燒醬備用。

STEP 4

- 煮一鍋滾水，放入蛋，蓋上蓋子放置13～15分鐘，撈起放入冰水中。

STEP 5

- 平底鍋中放入蔬菜及壽喜燒醬，以中火煮沸後，續煮5分鐘。

STEP 6

- 接著加入豬肉煮5分鐘。

STEP 7

- 當蔬菜燉煮入味後，即可起鍋。

STEP 8

- 盛盤後，將剛剛做好的溫泉蛋打入，再拌在一起吃。

Tips

■ 加上海苔絲或芥末一起享用更美味。

Chapter 5

火氣全消的涼拌小菜

餐桌上還缺一道料理，

但是又不想打開爐火。

此時就能選擇十分方便的涼拌料理。

事先做起來備用的話，

臨時端上桌作為小菜也很不錯。

因為做起來相當簡單，

所以總是做得太多。

最近我常常煩惱，

冰箱永遠有吃不完的涼拌小菜。

耐人尋味的簡單滋味

日式涼拌小黃瓜

清爽美味的涼拌小黃瓜，
稍微拍開後就能醃漬得更加入味。
簡簡單單的味道，為什麼怎麼吃都不會膩呢？
小心喜歡小黃瓜的河童會跟你搶食喔！

材料

小黃瓜……………2根

〔調味料〕

砂糖………… 1.5茶匙

鹽巴……0.5～0.7茶匙

Tips

- 日本阿公阿嬤的年代很喜歡在淺漬中加入味精調味。味精的鮮味與昆布中的鮮味成分一樣，所以只需要加一點點就可以提出料理的好滋味。加入後其實真的滿好吃的，味精和日式泡菜真的很適合。

作法

STEP 1

- 將小黃瓜切成適口大小。

STEP 2

- 用刀面稍微拍開
- 此作法會讓黃瓜較好入味。

STEP 3

- 將小黃瓜放入袋巾或保鮮盒中，並加入調味料。

STEP 4

- 將調味料與小黃瓜抓勻混合，放入冰箱冷藏約30分鐘即可享用。

清爽優雅的滋味
和風沙拉醬

這是一款相當清爽的沙拉醬。
無論淋在蔬菜或雞肉上，甚至是作為鍋物的沾醬也非常合適。
加一點檸檬更加美味，推薦你們試試看。

材料

醬油⋯⋯⋯⋯ 1.5大匙
白醋⋯⋯⋯⋯⋯ 1大匙
味醂⋯⋯⋯⋯ 1/2大匙
白芝麻⋯⋯⋯⋯ 1大匙
薑末⋯⋯⋯⋯⋯ 1茶匙

Tips

■ 吃火鍋的時候，這個沙拉醬拿來當沾醬也很適合。

作法

STEP 1

- 將全部的材料放在一起攪拌均勻。

STEP 2

- 淋在你喜歡的沙拉上就完成。

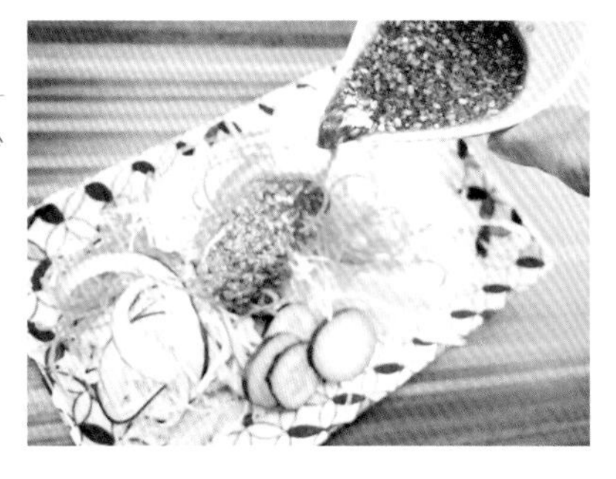

生吃美味，拌飯更佳

醃漬山藥醬油泡菜

即使手癢得要命我也要忍耐，
浸漬過的日本山藥，生吃也好美味，
加上一顆蛋做成生蛋拌飯更是超美味。
泡菜剩下的醬汁千萬別倒掉，
可以拿來泡鮪魚生魚片或做溏心蛋，變成另一道料理。

材料

日本山藥…………半根

〔調味料〕

醬油………… 100毫升
味醂………… 100毫升
烹大師鰹魚粉 1/2茶匙
白砂糖……… 1.5茶匙

作法

STEP 1

- 山藥洗淨削皮。
- 怕癢的人處理山藥時請記得要戴手套喔！

STEP 2

- 將山藥切成好入口的長條狀。

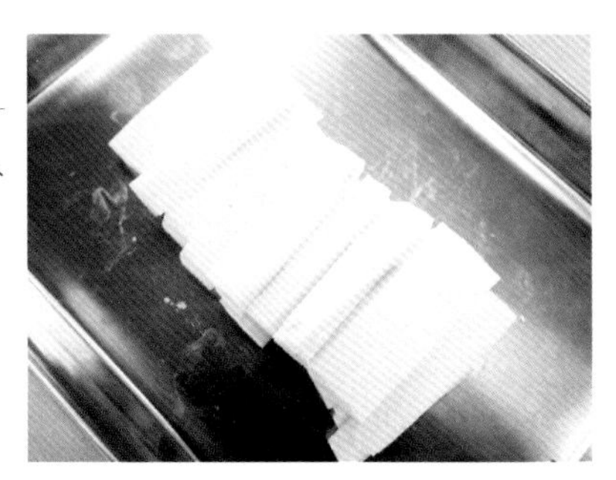

STEP 3

- 準備塑膠袋或保鮮盒，將切好的山藥及調味料一起放入。

STEP 4

- 充分攪拌，將調味料完全混入山藥中，並放入冰箱冷藏一個晚上即可享用。

Tips

■ **山藥對身體很好，在菜市場看到日本山藥的話，可以買來試做看看。**

5分鐘出好菜

鹽漬高麗菜

用高麗菜做泡菜非常簡單，不到 5 分鐘就可以做好，
做完放在冰箱冷藏就能吃好幾天。
鹽漬高麗菜不只適合作為日本料理的配菜，
配上台灣料理或韓國料理也很合適。
調味料醃漬入味後，剩餘的醬汁拿來炒蔬菜也相當美味喔！

材料

高麗菜…………1/4顆

〔鹽漬醬〕

熱水………… 50毫升
鹽、黑胡椒粉各1/2茶匙
太白粉……… 1/2茶匙
雞粉……………1茶匙

作法

STEP 1

- 將高麗菜切成適口大小。

STEP 2

- 再將鹽漬醬混合好備用。

STEP 3

- 將鹽漬醬淋在高麗菜上。

STEP 4

- 放入冰箱醃漬1小時以上，就可以享用。

Tips

■ **加入太白粉會有稠滑口感，醬汁比較容易巴附在高麗菜葉上。此外，你也可以自行調整醬汁的濃稠度。**

想要乾一杯的時候

鮪魚酪梨沙拉

酪梨被稱為森林中的奶油。
不只營養價值高，吃起來的口感也很滑順，在日本女性中擁有高人氣。
將醃漬鮪魚生魚片與酪梨拌在一起，就能做出超美味的冷盤。
消夜喝酒的時候，突然出現這道小菜就很開心。

材料

鮪魚…… 250公克
酪梨………… 1個
芥末…………適量

〔調味料〕
日式醬油… 2大匙
味醂……… 2大匙
料理酒…… 2大匙

Tips

- 注意鮪魚不要醃過頭，不然味道會過鹹，可以在醃漬過程中途試吃一下，覺得味道剛好滿意就可以拿出來。
- 將空氣去盡的小技巧：準備一碗水，將還未封口的袋子浸一半到水中，再把夾鏈袋封緊取出，就能完美地做到真空狀態了。（請見STEP3圖）

作法

STEP 1

- 將調味料倒入鍋中煮沸，放涼備用。
- 讓酒精揮發。

STEP 2

- 將鮪魚切大塊放入夾鏈袋中，將煮後放涼的調味料倒入，並將袋內空氣去除。

STEP 3

- 儘量將袋內空氣去除。

STEP 4

- 放置冰箱冷藏一晚後，鮪魚切骰子狀。

STEP 5

- 酪梨切骰子狀。

STEP 6

- 將鮪魚、酪梨及醃漬剩下的醬汁及芥末混合就完成了。

不可思議的簡單美味
醬漬蛋黃

蛋料理無論怎麼料理都超級美味。
將蛋黃、醬油與味醂一同浸漬，就變成充滿魔法的美味食材。
雖然聽說人一天只能吃一個蛋黃，但這麼好吃，一天一顆根本不夠。
早餐只要一顆醃漬蛋黃加上白飯、味噌湯就夠了。

材料

蛋黃………………4顆

〔醃料〕
醬油………… 50毫升
味醂………… 50毫升

Tips

- 吃的時候將白飯與蛋黃攪拌在一起即可。
- 怕鹹的人注意別醃漬太久，一晚就夠了。

作法

STEP 1

- 將蛋黃及醃料放進保鮮盒。

STEP 2

- 將保鮮盒放入冰箱冷藏一晚即可享用。

補充β胡蘿蔔素的護眼沙拉

紅蘿蔔沙拉醬

以前我家養了一隻兔子，牠不吃紅蘿蔔。
令我不禁懷疑兔子真的愛吃紅蘿蔔嗎？
但紅蘿蔔很健康，所以我想多吃一點，那就做成沙拉醬吧。
雖然超市也有賣這種沙拉醬，但是自己在家裡做，健康又吃得安心。
說不定兔子也會願意吃吧！

材料

紅蘿蔔………100公克
洋蔥………… 50公克

〔調味料〕
醬油、白醋、橄欖油 …
………………… 各 2大匙
蜂蜜……………2大匙

作法

STEP 1

- 先將調味料混合拌勻。

STEP 2

- 紅蘿蔔磨成泥。

STEP 3

- 洋蔥也磨成泥。

STEP 4

- 最後將全部的材料放入同一個容器中搖勻即可。

Tips

- 沒有蜂蜜也可以替換成白砂糖。

拌出洋蔥的甜美

涼拌洋蔥沙拉

一次買到很多鮮甜洋蔥時，推薦你做這道洋蔥涼拌菜。
醬汁可以充分引出洋蔥的甘甜，配上大量生菜一起吃十分對味。
可以依個人喜好做成泥狀，或切薄片保留洋蔥口感，各有各的美味。

材料

洋蔥⋯⋯⋯⋯⋯ 1/2顆
白醋⋯⋯⋯⋯⋯3大匙
醬油⋯⋯⋯⋯⋯3大匙
橄欖油⋯⋯⋯⋯2大匙
味醂⋯⋯⋯⋯⋯2大匙
米酒⋯⋯⋯⋯⋯2大匙

Tips

- 喜歡甜甜的味道，可以加入適量的砂糖或蜂蜜。
- 除了橄欖油之外，用沙拉油來拌也很美味，請隨著你的喜好做調整。

作法

STEP 1

- 將洋蔥順紋橫切薄片。
- 如此可以阻斷洋蔥的纖維，有效降低辛辣度。

STEP 2

- 接著把所有材料混合就完成了。

掃一掃，看影片

簡易版的百搭涼拌菜

醃漬白菜

在日本醃漬品中，最經典的便是醃漬白菜了。
爽脆的口感，配上任何料理都合適，忍不住就想吃好幾碗飯。
通常醃漬白菜需要花上 3 天時間，這次我想介紹簡易版作法。
請務必注意鹽巴的用量，才不會失敗喔！

材料

白菜……… 1/4顆
砂糖……… 2茶匙
鹽巴……… 2茶匙
昆布… 3公分小段
乾辣椒……… 1根

作法

STEP 1

- 將白菜切成適口大小。

STEP 2

- 在塑膠袋中放入白菜、砂糖及鹽巴後混合搖勻。

STEP 3

- 接著將昆布、乾辣椒剪細碎後放入袋中。

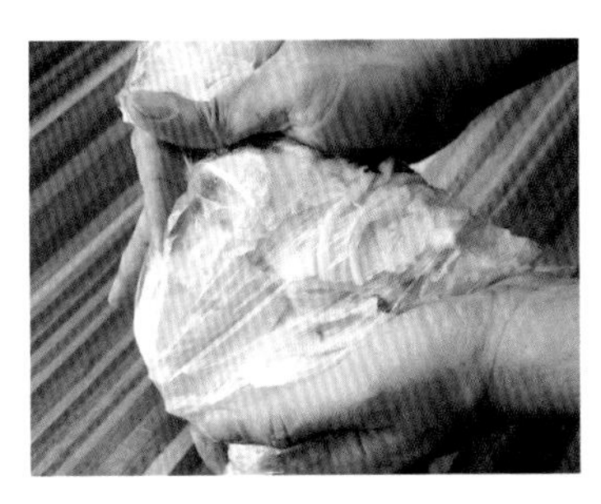

STEP 4

- 再一次將袋子搖勻混合。
- 如果調味料沒有搖勻的話，會造成某部分白菜過鹹與過淡。

STEP 5

- 最後將袋內空氣擠出並封住袋口。

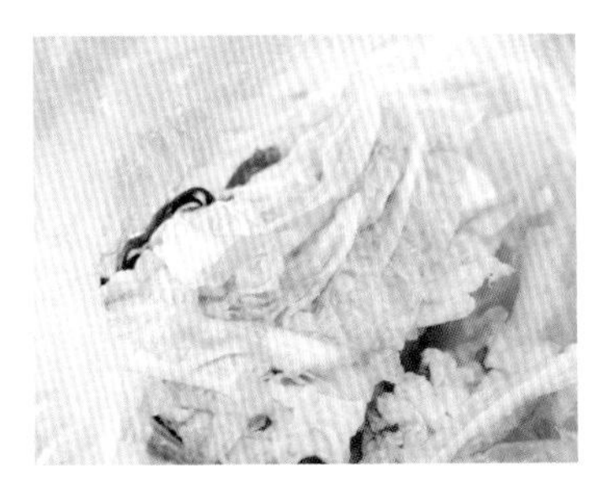

STEP 6

- 將醃漬白菜放入冰箱中冷藏一晚就完成。

Tips

- 如果家中沒有昆布，也可用烹大師鮮味粉替代。
- 如果不小心鹽巴放過量，只要泡入水中就能去除鹹味，達到剛好的味道。

鮪魚罐頭的經典吃法

鮪魚美乃滋沙拉

鮪魚罐頭真的是很方便的食材，可以做的料理也很多。
想吃點沙拉時，鮪魚美乃滋沙拉就是一道經常出現在我家餐桌的食譜。
美乃滋與鮪魚罐頭搭配起來 100% 合適，早餐時夾進吐司中一起享用方便又美味。

材料

鮪魚罐頭…………1罐
紅蘿蔔…………1/3根
鹽巴(抓醃用)…1小撮
日式美乃滋……1大匙
黑胡椒粉及鹽…適量

作法

STEP 1

- 將紅蘿蔔切絲。

STEP 2

- 手指抓一小撮鹽巴撒在紅蘿蔔絲上，抓醃一下放置10分鐘。

STEP 3

- 瀝乾紅蘿蔔釋出的水分後，將鮪魚罐頭的油瀝乾後加入，接著拌入美乃滋、黑胡椒粉及鹽巴。

STEP 4

- 拌勻後就完成。

Tips

■ 除了紅蘿蔔之外，也可以用小黃瓜製作。另外，玉米等材料也很適合一同加入。

今後也一起開心做料理吧！

大約兩年間，每天都發想了許多食譜。

無論是「做了食譜中的料理，十分美味。」或是「原來這些食材可以如此組合！」各位的回應總是激勵著我一直努力做下去。今後，也請多多勉勵我（笑）。

此外，因為篇幅及主題的關係，沒被收錄的食譜還有很多。我的食譜網站每天都持續上載一篇食譜，YouTube頻道也持續發布影音食譜，如果你對日本家庭料理有興趣的話，不妨來裡頭尋找你喜愛的料理。

最後， 總是準時鎖定最新食譜的你們， 以及企劃本書的三友圖書， 還有給予我許多想法的各位朋友們， 特別是反應總是很酷的家人們。 非常感謝。

今後也一起開心做料理吧！

日本男子的日式家庭料理

有電子鍋、電磁爐就能當大廚

作　　者　KAZU
成品攝影　影像説書人工作室——格瑞蘇
步驟攝影　李曼瑩
編　　輯　錢嘉琪
校　　對　錢嘉琪、吳雅芳、KAZU
封面設計　劉錦堂、李曼瑩
美術設計　劉錦堂

發 行 人　程顯灝
總 編 輯　呂增娣
主　　編　徐詩淵
編　　輯　吳雅芳、簡語謙
美術主編　劉錦堂
美術編輯　吳靖玟、劉庭安
行銷總監　呂增慧
資深行銷　吳孟蓉
行銷企劃　羅詠馨

發 行 部　侯莉莉
財 務 部　許麗娟、陳美齡
印　　務　許丁財
出 版 者　四塊玉文創有限公司

總 代 理　三友圖書有限公司
地　　址　106台北市安和路2段213號4樓
電　　話　(02) 2377-4155
傳　　真　(02) 2377-4355
E － mail　service@sanyau.com.tw
郵政劃撥　05844889 三友圖書有限公司

總 經 銷　大和書報圖書股份有限公司
地　　址　新北市新莊區五工五路2號
電　　話　(02) 8990-2588
傳　　真　(02) 2299-7900

製版印刷　卡樂彩色製版印刷股份有限公司

初　　版　2020年5月
定　　價　新台幣380元
ＩＳＢＮ　978-986-5510-16-9（平裝）

國家圖書館出版品預行編目(CIP)資料

日本男子的日式家庭料理：有電子鍋、電磁爐就能當大廚 / KAZU作. -- 初版. -- 臺北市：四塊玉文創, 2020.05
面；　公分
ISBN 978-986-5510-16-9(平裝)

1.食譜 2.日本
427.131　　　　　109004715

廣　告　回　函
台北郵局登記證
台北廣字第2780 號

地址：　縣/市　鄉/鎮/市/區　路/街

段　巷　弄　號　樓

三友圖書有限公司 收

SANYAU PUBLISHING CO., LTD.

106　台北市安和路2段213號4樓

購買《日本男子的日式家庭料理：有電子鍋、電磁爐就能當大廚》的讀者有福啦，只要詳細填寫背面問券，並寄回三友圖書／四塊玉文創，即有機會獲得精美好禮！

【KitchenAid】2段速手持料理棒

（贈品樣式以實際提供為主）

價值：NT3,990元，共2名

＊本回函影印無效

四塊玉文創×橘子文化×食為天文創×旗林文化

http://www.ju-zi.com.tw

https://www.facebook.com/comehomelife

【黏貼處】對折後寄回，謝謝。

親愛的讀者：
感謝您購買《日本男子的日式家庭料理：有電子鍋、電磁爐就能當大廚》一書，為回饋您對本書的支持與愛護，只要填妥本回函，並於2020年6月11日前寄回本社（以郵戳為憑），即可參加抽獎活動，並有機會獲得「【KitchenAid】2段速手持料理棒」，共2名（NT$3,990／支）。

姓名＿＿＿＿＿＿＿＿＿＿ 出生年月日＿＿＿＿＿＿＿＿＿＿
電話＿＿＿＿＿＿＿＿＿＿ E-mail＿＿＿＿＿＿＿＿＿＿
通訊地址＿＿＿＿＿＿＿＿＿＿＿＿＿＿＿＿＿＿＿＿
臉書帳號＿＿＿＿＿＿＿＿＿＿＿＿＿＿＿＿＿＿＿＿
部落格名稱＿＿＿＿＿＿＿＿＿＿＿＿＿＿＿＿＿＿＿

1 年齡
□18歲以下 □19歲～25歲 □26歲～35歲 □36歲～45歲 □46歲～55歲
□56歲～65歲 □66歲～75歲 □76歲～85歲 □86歲以上

2 職業
□軍公教 □工 □商 □自由業 □服務業 □農林漁牧業 □家管 □學生
□其他＿＿＿＿＿＿＿＿

3 您從何處購得本書？
□博客來 □金石堂網書 □讀冊 □誠品網書 □其他＿＿＿＿＿＿
□實體書店＿＿＿＿＿＿＿＿

4 您從何處得知本書？
□博客來 □金石堂網書 □讀冊 □誠品網書 □其他
□實體書店＿＿＿＿＿＿ □FB（三友圖書-微胖男女編輯社）＿＿＿＿＿＿
□好好刊（雙月刊） □朋友推薦 □廣播媒體

5 您購買本書的因素有哪些？（可複選）
□作者 □內容 □圖片 □版面編排 □其他＿＿＿＿＿＿

6 您覺得本書的封面設計如何？
□非常滿意 □滿意 □普通 □很差 □其他＿＿＿＿＿＿

7 非常感謝您購買此書，您還對哪些主題有興趣？（可複選）
□中西食譜 □點心烘焙 □飲品類 □旅遊 □養生保健 □瘦身美妝 □手作 □寵物
□商業理財 □心靈療癒 □小說 □其他＿＿＿＿＿＿

8 您每個月的購書預算為多少金額？
□1,000元以下 □1,001～2,000元 □2,001～3,000元 □3,001～4,000元
□4,001～5,000元 □5,001元以上

9 若出版的書籍搭配贈品活動，您比較喜歡哪一類型的贈品？（可選2種）
□食品調味類 □鍋具類 □家電用品類 □書籍類 □生活用品類 □DIY手作類
□交通票券類 □展演活動票券類 □其他＿＿＿＿＿＿

10 您認為本書尚需改進之處？以及對我們的意見？
＿＿＿＿＿＿＿＿＿＿＿＿＿＿＿＿＿＿＿＿

感謝您的填寫，
您寶貴的建議是我們進步的動力！

本回函得獎名單公布相關資訊
得獎名單抽出日期：2020 年 6 月 22 日
得獎名單公布於：
四塊玉文創／橘子文化／食為天文創——三友圖書
微胖男女編輯社 https://www.facebook.com/comehomelife/

【黏貼處】對折後寄回，謝謝。